游戏力

竞技游戏设计实战教程

〔 程弢 编著 〕

北京大学出版社
PEKING UNIVERSITY PRESS

内 容 提 要

本书写给想成为游戏设计师的你。

如果你也热爱玩游戏，想要成为一名竞技游戏设计师，为游戏行业贡献一分自己的力量，在游戏历史上留下浓墨重彩的一笔，那就翻开这本书看看吧。

本书共7章，其中第1章讲解电子竞技市场现状；第2章讲解制作游戏的选题立意；第3章讲解游戏核心机制设计；第4章讲解技能设计法则；第5章讲解地图设计原理；第6章分析如何设计游戏系统；第7章阐述游戏交互设计相关知识。

本书适合游戏从业人员、各大院校的游戏专业学生、游戏开发爱好者阅读。

图书在版编目（CIP）数据

游戏力：竞技游戏设计实战教程 / 程戣编著 . —北京：
北京大学出版社，2024.1
ISBN 978-7-301-34699-0

Ⅰ.①游… Ⅱ.①程… Ⅲ.①游戏程序－程序设计
Ⅳ.① TP317.6

中国国家版本馆 CIP 数据核字 (2023) 第 241129 号

书　　　　名	游戏力：竞技游戏设计实战教程	
	YOUXILI：JINGJI YOUXI SHEJI SHIZHAN JIAOCHENG	
著作责任者	程戣　编著	
责 任 编 辑	王继伟　杨爽	
标 准 书 号	ISBN 978-7-301-34699-0	
出 版 发 行	北京大学出版社	
地　　　　址	北京市海淀区成府路 205 号　100871	
网　　　　址	http://www.pup.cn　新浪微博：@ 北京大学出版社	
电 子 邮 箱	编辑部 pup7@ pup.cn　总编室 zpup@pup.cn	
电　　　　话	邮购部 010-62752015　发行部 010-62750672　编辑部 010-62570390	
印 刷 者	三河市北燕印装有限公司	
经 销 者	新华书店	
	889 毫米 ×1194 毫米　16 开本　12.75 印张　323 千字	
	2024 年 1 月第 1 版　2024 年 1 月第 1 次印刷	
印　　　　数	1-4000 册	
定　　　　价	108.00 元	

前言

  2023 年 1 月 19 日，人民网刊登了一篇《讲好中国故事、做好文化科普……游戏行业大有可为》的文章，这给中国的游戏市场带来了强有力的提振信号。

  2022 年，《原神》海外收入达到 10 亿美元，一度与抖音并称为中国文化输出的标杆类产品。在全球经济萎缩的大趋势下，无论从任何角度来看游戏行业，都会为想在文化产业做出一番成绩的年轻人点起一盏希望之灯。

  当怀揣梦想的年轻人想要进入游戏行业，或者想开发一款游戏，放眼望去，市面上有大量游戏相关的程序教程、绘画教程、建模教程，唯独缺少能告诉读者"游戏怎么做才好玩"的方法论书籍。本书的编写就是想填补这一块的空白，这也是我对自己的游戏知识积累的一次回顾。

  特别感谢超级玩家邵冰同学，帮我寻找案例、更新截图。也感谢邵冰的男朋友豆奶同学，带来"超硬核玩家"对游戏设计的一些想法。还要感谢妈妈，在熬夜赶稿的时候帮我做夜宵。

  最后，如果读者在阅读本书的过程中遇到问题，或者持有不同的看法与观点，欢迎与我联系，邮箱是 lepx@qq.com。

程弢

目录

第 4 章

技能设计 / 79

第 5 章

地图设计 / 117

第 6 章

游戏系统 / 149

第 7 章

交互设计 / 179

第 1 章

电子竞技市场现状

相信每位正在阅读此书的读者，或多或少都有"成为游戏设计师"的梦想。大家经常会有灵感在脑海中一闪而过，但苦于这些灵感好似流星一般，看得到却抓不住。我从事游戏行业已十余年，带领团队开发过若干款或大或小的对战类游戏，对于"从灵感到产品"的过程早已了然于心。我将和读者一起细致地学习竞技游戏设计中各个环节及要素，让游戏设计这个梦想不再遥不可及。

开发电子竞技游戏的过程，本质是面向市场设计、制作、推广一款娱乐型产品的过程。

既然是面向市场的商业行为，充分的市场调研便是在正式行动前必不可少的功课。因此我们不妨先花一点时间，了解一下全球电子竞技市场的现状。

根据 Esports Charts（一家专门做电子竞技数据统计的网站）提供的图表，我们可以通过观察不同产品的相关数据，窥见近 5 年来竞技游戏市场的变化。

2017 年，关于《英雄联盟》和 Dota 哪个更火还存在各种争论，在 2022 年时这个问题已经彻底没了悬念，《英雄联盟》以 514 万峰值观众的数字，彻底拉开了与 Dota 2 的差距，成为当之无愧的世界第一大电竞产品。

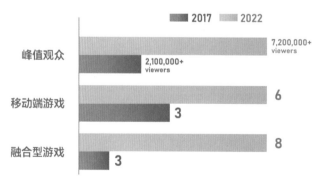

①峰值观众数: 2022 年是 2017 年的 3 倍多。
②移动端游戏数: 2017 年只有 3 款，2022 年则达到了 6 款。
③上榜的游戏中有 6 款游戏是在 2017 年后发布的。
④如果将《守望先锋》这种融合 FPS（第一人称射击游戏）与 MOBA（多人在线战术竞技游戏）元素的游戏定义为"融合型游戏"，2017 年只有 3 款融合型游戏，而2022 年则有 8 款。

而 Riot Games（研发《英雄联盟》的母公司，又称"拳头公司"）的野心并不止于此。在通过《英雄联盟》PC 版坐稳了世界第一的位置后，拳头公司又在 2022 年联合腾讯开发了《英雄联盟》移动版，更是在 2020 年推出了旗下第一款类 FPS 游戏 VALORANT（《无畏契约》）。

在丰富的游戏设计与开发经验的加持下，VALORANT 一经推出便在全球范围内引起强烈的反响。除 VALORANT 外，我们还能在表单上看到许多其他的"类 FPS"游戏。所谓"类 FPS"，即以《守望先锋》为代表的，区别于传统枪战类游戏，但又以远程射击为主，融合了其他游戏的技能及坦克 / 输出 / 治疗的职业特征等元素的游戏类型。Apex Legends（《Apex 英雄》）、Fortnite（《堡垒之夜》）便是这种类型的代表作，这两款游戏同时还将生存类游戏机制融入其中，极大地丰富了游戏的刺激性与重复可玩性，Call of Duty: Warzone（《使命召唤：战区》）与 PUBG（《绝地求生》）的持续火热，也证明了"FPS+ 生存"仍然具备很强的生命力。

除了排名前 20 的大作之外，在 2022 年我们也能看到很多小型但拥有极强生命力的竞技游戏产品。例如，由《炉石传说》之父 Ben Brode 开发的卡牌游戏 *Marvel Snap*（中文名称《漫威全明星》，下文简称"SNAP"），凭借漫威 IP 的加持及极其简单的玩法，在上市第一天就获得了近 70 万次下载，在第一周便达到了 530 万次，还获得了 2022 年 TGA 最佳手游奖项。有人认为这款游戏的成功依靠的是漫威 IP，然而 IP 强大但产品一塌糊涂的在游戏历史上也是屡见不鲜。

我认为，*SNAP* 的成功，是其异常简单的核心机制内蕴藏了丰富多变的随机性，这给玩家带来了近乎无穷的可玩性。其游戏的底层机制完全可以用"50 以内加减乘除法的速算比拼"一言以概之。这也是卡牌游戏对玩家越来越碎片化的游戏时长需求的填补，玩家没有精力去记忆复杂的技能，更没有时间去选择多达数千张卡牌。

这不禁让我想到了另外一款"200 以内加减乘除法的重新组合"——被奉为 Roguelike 卡牌神作的《杀戮尖塔》。

这两款游戏的成功，充分说明"简单机制 + 无穷变化"的游戏产品仍然蕴藏着充分的玩法等待各位游戏设计师前去探索、挖掘。

麻雀虽小，五脏俱全。不管是前文中提到的《英雄联盟》《守望先锋》等大厂大作，还是 *SNAP*、《杀戮尖塔》这种小而美的产品，甚至是国民级纸牌游戏《斗地主》，其本质就像人体每天所需要的碳水化合物、脂肪和蛋白质一样——都不能离开"随机、反馈与成长"三大要素。

充满才华的游戏设计师，总能像厨师驾驭油盐酱醋一样将这三者在产品中和谐搭配并协调统一。在进入本书正式内容前，我们将通过对 *SNAP* 的详细解析，一起了解在这一款简单到"50 以内加减乘除法"的对战类卡牌游戏中，《炉石传说》之父是如何使用及调配竞技游戏开发中的各项"调料"的，让读者通过案例切实感受"成长、随机、反馈"的概念，以窥见当我们偶然产生某个游戏灵感时，如何才能将灵感转化为有血有肉、让人爱不释手的游戏产品。

游戏设计三要素

一、SNAP 核心玩法的底层机制与游戏流程设计

与大部分卡牌游戏一样，SNAP 也分成"卡组"与"对战"两个部分。

卡组： 玩家抽取并收集卡牌，组成套牌带入对战。

对战： 玩家将卡牌放置于 3 条路上，比较每条路上的卡牌战力大小，只要有 2 条路的战力大于对手，便获得对战胜利。

是不是看起来非常简单？其实，往往越是简单的机制，越能获得更广泛的受众，也越具有更长久的生命力。让我们通过拆解 SNAP，尽力找到最能概括其游戏机制的方法。

与《炉石传说》等其他流行的卡牌游戏不同的是，抛开花哨的品阶效果，SNAP 中的每张卡牌都只由 3 部分组成：消耗点数（俗称"费"）、战斗力点数（简称"战力"）、特殊效果（简称"特效"）。

更简单的设计是，SNAP 中卡组的卡牌数只有 12 张，一场对局只有 6 个回合。相较其他卡牌游戏动辄数十张卡牌、数十个回合的战斗流程，SNAP 的对战节奏更快，更符合现代玩家碎片化时间的游戏需求，每一局游戏最多也就五六分钟，甚至比《斗地主》的时间还要短。

卡牌"鹰眼"的费为 1、战力为 1、特效为"揭示：若你下回合在此区域放置了卡牌，+2 战力"。

玩家在 *SNAP* 的对局内第 1 回合至第 6 回合依次可以有 1 费的消耗点数，除第 1 回合开始前可随机从卡组中同时抽取 3 张卡牌放入手牌外，其余每回合都只有 1 张卡牌随机进入手牌。玩家可在手牌中根据自己的策略将卡牌放置在战场中的 "3 条路" 上，每条路都会对比玩家与对手的卡牌战力总和，总体战力高的就可赢下该条路，最终 3 条路中赢下 2 条路，即可赢得该局对战的胜利。

　　如果感觉上述描述过于复杂，我们可以简单地用一个流程图进行概括。

　　也可以通过扑克牌简单复原 *SNAP* 的核心玩法：两名玩家分别从 54 张扑克牌中拿出 A、2、3、4……J、Q、K 共计 13 张牌，洗牌后摆在旁边；第 1 回合每名玩家可以抽取 3 张牌，之后每回合玩家只能抽取 1 张牌，每回合最多可出 2 张牌；放 3 路，最多 6 个回合，6 回合结束后，其中有 2 路点数大于对方即可获得胜利。读者可以叫上小伙伴尝试一下，看看当游戏抛开画面与音效的包装，大幅度简化卡牌特殊效果，只保留最内核的玩法后，是否依旧具备可玩性。

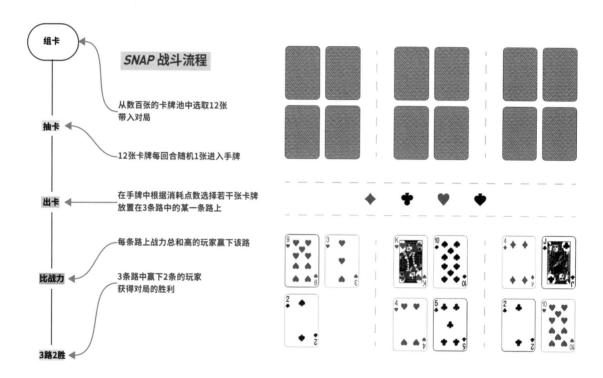

　　不管是 *SNAP* 还是刚才的扑克游戏，其最内核的部分，就是 "比大小"。现实中已经有以 "比大小" 为内核的最简单也是最流行的扑克游戏——"21 点"。读者如果想要成为一名游戏设计师，那么第一步，就是在玩游戏时 "拨开云雾见真相"，尽力寻找每款游戏最极致的内核。反过来，当我们要着手设计一款游戏（甚至游戏中的一个部分）的时候，也要从这个最内核的部分着手，然后一层一层地根据实际情况增加元素——如果觉得游戏的刺激感不够，就尝试在随机性和反馈上下点功夫；发现游戏的玩法深度不够，则可以在除随机之外的成长中多做一些文章。这样的设计方法，可以让刚入门的游戏设计师有效避免在设计游戏时 "无从下手"、遇到问题后又 "无的放矢" 的尴尬局面。

同时，这也告诉我们，任何具备全球流行化基础的游戏，其核心玩法，往往是一个"经历过时间考验"的简单的、经典的机制。这种"经典机制"与其说是被人类设计出来的，倒不如说是自然演变而成。就好像我们已经无法说清围棋与象棋到底是谁发明的，也无法找到《斗地主》与《炸金花》的设计源头。但这并不是说当今时代已经无法再诞生这样富有生命力的游戏机制，只是这些机制，一定要经历"时间"的考验。那些一分钱推广费没花，仅凭口口相传就能流传开来的游戏，才能被称为"经典玩法"。例如，2005 年孕育在 WAR3（《魔兽争霸 3》）编辑器上的 Dota，2015 年孕育在《武装突袭》里的"大逃杀"，还有 2020 年从 Dota 2 编辑器中诞生的"自走棋"皆是如此。

　　从零开始设计游戏时，可以选择从两个方向着手。

　　①基于某一个经典机制增加自己的想法，根据现在目标用户的喜好丰富经典机制的玩法，使其"老树发新芽"。

　　②自己设计游戏核心机制，在某个平台上使用快速开发工具，验证并完善自己的想法。

　　这两种方式在后文会有详细的介绍。

二、*SNAP* 的随机、成长与反馈

◎ *SNAP* 中的随机

先回到对 *SNAP* 的剖析上，我们已经知道了其内核玩法是"3 路比大小"，如果仅仅是这样，游戏固然有一定的可玩性，但面对市场上如此多的卡牌游戏，又该如何实现差异化、最终吸引玩家留存在游戏呢？

答案是巧妙地增加"有限随机"。

在卡牌游戏中，充分的随机性是支持玩家反复进行游戏最重要的部分，没有之一。在《炉石传说》中，随机体现在用户每回合抽到的手牌，每局遇到对手的英雄和卡组，或者某些卡牌的技能中。*SNAP* 也是如此：玩家通过抽卡随机获得卡牌，玩家每回合在卡组中抽取若干张获得手牌，某些卡牌的特效是随机触发。

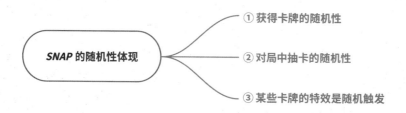

然而如果只是这样简单，那 *SNAP* 也只是一个披着超级 IP 的普通卡牌游戏产品，绝不会有现如今的市场规模和影响力，那么本书也不会选择 *SNAP* 作为带领大家入门竞技游戏设计的基础案例。除上述设计之外，*SNAP* 还在战场的随机性上做出了相当具有突破性的设计。

SNAP 中的战场有 3 条路，在战斗开始后的每个回合依次揭开。每条路都有随机的、不重复的独特机制。这让玩家在战斗外从牌库中构建自己的卡组时，需要考虑如何应对那些近乎完全随机的特殊效果。如果换个角度，甚至可以将其看作一种特殊的卡牌，也有卡牌库，每一场对局都会从卡牌库中随机抽取一张卡牌，从而对战斗双方产生影响。这又不禁让我们想到另外一个风靡全球的扑克游戏——《德州扑克》，该游戏在牌桌中间放置 5 张牌，玩家通过 2 张手牌与 5 张公共牌的组合后决定胜负，而每张公共牌都是在同一副扑克牌中随机抽取的。

我认为，战场随机机制是 *SNAP* 相当有分量的一次尝试。回顾竞技游戏产品，不论是早期

的即时战略（Real-Time Strategy Game，RTS），还是后来的 MOBA 及现在的生存类产品，不仅战场机制不能做随机，甚至还要强调战场机制的固定与稳定。例如，*WAR3* 的 *Lost Temple*（"失落的神殿"）和 *PUBG* 的"艾伦格"，还有 *CS:GO* 的炼狱小镇与荒漠迷城，都是相对稳定并经过多次迭代后的经典比赛用地图。而 *SNAP* 的出现，打破了这一固有"定律"，通过增加战场机制的随机性设计，让游戏本就不长的进程变得更加扑朔迷离，每一个回合都充满不确定性。诚然，过度的随机性会严重影响策略与平衡性，但就像前文所述，任何一款竞技游戏产品，获得用户的首要方式仍然是娱乐性。在随机性上精巧突破以增强其娱乐性，让玩家每次点击"开战"按钮时，既不知道对面的卡组流派，也不知道战场中 3 条路的机制，这也许就是 *SNAP* 可以获得并留住数百万游戏玩家的重要原因之一。

◎ *SNAP* 中的成长

成长不光是《英雄联盟》青铜、钻石再到王者的段位，更是补兵、杀敌之后不断增加的金币；还是 *PUBG* 中通过搜刮和击杀敌人后逐渐丰裕的物资；甚至是《斗地主》中赢了就可以获得的"欢乐豆"。因此在现在的游戏中，成长机制设计得好坏，是影响玩家是否持续进行游戏的重要因素，这让成长在游戏中几乎无处不在。

竞技游戏一般分为战斗内与战斗外两个成长区间，战斗内外的成长互相影响、相互促进。

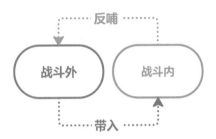

在 *SNAP* 短小精悍的对战过程中，成长既体现在每条路上通过放置卡牌获得点数积累中，也体现在每一回合都会增加的可消耗点数上，还体现在某些卡牌的特效上，如"钢铁侠"卡牌的"持续：你在此区域的总战力翻倍"。

除此之外，SNAP 还在战斗内设置了一个类似《斗地主》"超级加倍"的机制。对局开始时筹码池内会有 1 点段位分作为初始的获胜方奖励，如果玩家不进行其他操作，会在第 6 回合时对筹码池进行翻倍，所以对局获胜的一方将拿走 2 点段位分；玩家如果坚信自己可以获得本次对局的胜利，还可以点击对战界面上方的 SNAP 按钮用于加倍。初始"筹码池"为 1 点，而后 A 玩家先点击了 SNAP，则"筹码池"翻倍为 2 点；B 玩家又点击了 SNAP，"筹码池"再次翻倍为 4 点，而到第 6 回合时，系统会对筹码池再次进行加倍，则获胜的一方将拿走 8 点段位分为自己提升段位，这就自然而然地在不失公平的原则下，使战斗内与战斗外的成长产生了联系。

SNAP 在战斗外的成长主要体现在卡牌数量、卡牌品质、任务、段位、收藏等级、赛季通行证、道具 7 个系统中，这 7 个系统又彼此通过各种方式相互串联。

1. 卡牌数量

（1）越来越多的卡牌。强制正增长，卡牌数量只能增加不能减少。

（2）在提升收藏等级的过程中，获得新卡牌。

（3）也有极少量卡牌可以通过赛季通行证获得。

2. 卡牌品质

（1）越来越酷炫的卡牌。强制正增长，卡牌品质只能提高不能下降。

（2）卡牌品质有普通、不凡、稀有、史诗、传说、终极、无限 7 个品阶，每个品质的卡牌都有不同的视觉效果。但为了平衡性，品质也仅限于视觉效果，提升卡牌品质并不会对卡牌数值造成任何影响。

（3）升级卡牌品质主要通过使用点数和强化套组。

（4）极少量卡牌品质可以通过赛季通行证和段位升级直接获得。

（5）每次提升卡牌品质，即可获得不同的收藏等级点数。

3. **任务**：产出游戏点数和赛季通行证点数

4. **段位**

（1）12 个段位等级。

（2）100 点段位点数，该段位点数就是前文提到的刺激玩家玩游戏的"筹码"，只能通过每局的对战胜利获得。

（3）每达到某个段位就会产出少量的点数、强化套组及道具。

5. **收藏等级**

（1）超过 10000 级收藏等级。

（2）每隔 2 至 4 级即可获得 1 张卡牌、点数或强化套组。

（3）收藏点数只能通过提升卡牌品质获得。

6. **赛季通行证**

（1）赛季通行证只能通过完成任务提升。

（2）产出少量的卡牌、点数、卡牌品质、金块、道具等。

7. **道具**

（1）卡背。

（2）头像。

根据上述的罗列，可以将 *SNAP* 战斗外不同的成长机制之间的关系通过下图展现。

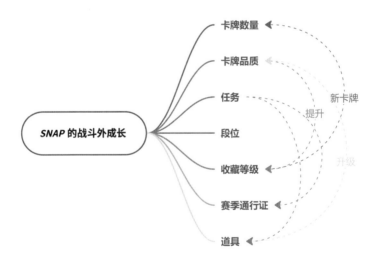

看到这张像蜘蛛网一样的系统关系逻辑图，很多读者可能会产生一个疑问：其他绝大部分游戏的系统好像也是如此庞杂，为什么要将系统设计得如此复杂，简单一些不可以吗？要想回答这个问题，就必须提到游戏设计中的"目标驱动心理"。本书的第 3 章将对此进行详细讲述，本章仅围绕 *SNAP* 的目标拆解简单讲述。

正如《守望先锋》中 EVA 的那句台词所言："玩游戏就是为了赢"，作为竞技游戏设计师，我们要明确一个基本理念：获得对局的胜利，是玩家最根本、最直接、最强烈的目标。

那么，在 *SNAP* 中，玩家如何才能获得对局的胜利呢？

首先，玩家需要对卡牌进行研究，组成自己认为获胜概率最大的卡组。接着，玩家发现想组成的卡组缺少卡牌，于是便需要获得更多的卡牌。*SNAP* 中获得卡牌最主要的方式是提升收藏等级抽取卡牌，于是玩家要想办法获得游戏点数和强化套组，而获得这两者最简单直接（除充值外）的办法是参加对战——这就形成了一个完善且成熟的目标循环。

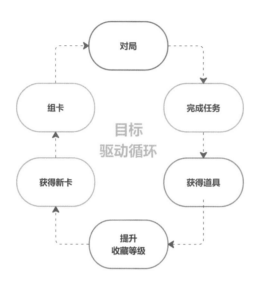

那么如何让玩家永远停留在这个目标循环中，如何推动玩家像车轮一样向前进？只要仔细观察即可发现破绽。

① 游戏开发者不停地设计更多的卡牌，提供更多卡组流派的可能性。

② 尽可能让不同流派的卡组在理论上互相克制。这样，玩家就需要不停地收集卡牌，这个过程将随着不断推出的新卡牌而近乎永远不会停止。打一个不太恰当的比方，这就好像设计了一个仓鼠笼，玩家就是其中不停奔跑的小仓鼠，玩家无论如何奔跑，都无法逃脱出由各种小目标组成的"循环之笼"。

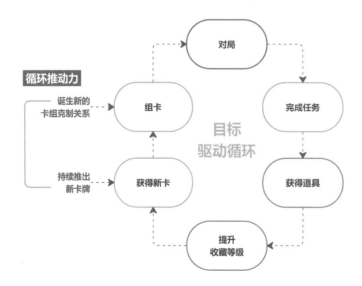

然而，无论多么完美的仓鼠笼，如果仓鼠始终在疲于奔命，不给它喂食、休息等阶段性鼓励，仓鼠也会有厌烦疲惫、想要逃离仓鼠笼的时候。那我们又该如何让玩家每次完成某个小目标后，持续获得继续完成下一个目标的动力呢？这就要提到 SNAP 的反馈系统。

◎ SNAP 的反馈

不仅仅局限于游戏世界，即使在现实世界中，反馈对于人的心理而言，也是非常重要且必要的感受。我们经常讲的"用户体验"，除了体验流程，不同行业的设计师都要在反馈上下足功夫：比如洗衣机按钮上的"嘟"声；在使用 iPhone 点击屏幕时感受到的清脆的马达震动；一些汽车发烧友在踩油门时渴望听到的发动机轰鸣声……这一切都是为了给人以真实而强烈的反馈。尤其当人们习惯了这种反馈后，如果突然取消，人的心里就会有一种"空落落"的不适感。同理，电子游戏内的反馈设计更是有过之而无不及，在某种意义上，电子游戏之所以能让很多青少年甚至成年人"成瘾"，究其原因，往往就是因为电子游戏可以轻松让人们在其中获得在现实中需要花费巨大努力甚至永远无法获得的某种反馈，这是后话。

与其他卡牌游戏类似，SNAP 中每次升级卡牌品质，卡牌的牌面视觉效果也会更加酷炫。例如，蓝色边框品质的卡牌会有微微的裸眼 3D 效果；紫色边框品质的卡牌会有精致细腻的动态显示效果。受限于文字表达，强烈建议读者仔细看一下这些卡牌的美术效果。其他的视听反馈效果，如获胜以后的重低音音效，或者是每抽到一张新卡牌时的全屏光效，都是玩家在游戏体验时不可或缺的要素。

当反馈体现在游戏数值上时，也可将此时的反馈机制称为"奖励机制"，只是我认为"奖励"是个褒义词，而反馈则是中性词，奖励只是反馈中的正向部分，而竞技游戏的特色往往就在于其经常会给玩家带来比其他游戏多得多的负面反馈。这也指导了我们在进行游戏设计时，不仅要考虑如何给玩家带来正面反馈，更重要的是如何给玩家带来适度的负面反馈。

曾经有一段时间，绝大部分游戏设计师都特别害怕给玩家带来负面反馈，生怕玩家会因为这些负面反馈而抛弃游戏。但通过以 *PUGB* 为首的大逃杀类游戏的持续火爆我们可以清晰了解到，玩家面对负面反馈的承受力远比游戏设计师想象的更高。比起负面反馈，玩家更难以接受的是"没有反馈"。"输就输了，下把赢回来"——这句玩家的口头禅其实蕴含多层含义。

① 玩家并不惧怕失败。

② 要给玩家重新获得胜利的可能性。

③ 前一次的失败有多惨痛，那下一次的胜利就有多兴奋。

作为游戏设计师，要带给玩家心流的波动，兴奋点与挫败点并存。这一点，在本书的其他章节都会提及，请读者多加留意。

SNAP 的数值反馈点非常多，本文不一一赘述，但要着重提及的是中国玩家非常熟悉的类似《斗地主》中"超级加倍"的翻倍机制。如前文所述，每次对局开始时，对局的筹码池内都只会有 1 点段位分，在第 6 回合时系统会自动翻倍成为 2 点段位分，这是对获胜玩家的奖励，但这 2 分并不是凭空出现的——因为对决输掉的玩家同时会扣掉 2 分，这意味着如果玩家点击 SNAP（加倍）按钮，则玩家需要同时承担"输分加倍"的风险。要知道，*SNAP* 的段位分一共只有 100 分，而一局最多有 8 分的取舍，因此赢的一方，获得正面反馈固然满心欢喜，而输的一方，一下子就输了 8 分，则可能会满心愤恨或黯然神伤。此时往往就是很多游戏开始"鼓励"玩家"充值变强"的绝佳时刻，让玩家通过"花钱"获得短暂的开心。但 *SNAP* 则与众不同，为了降低可能会输掉 8 分的危险，对局内竟然设置了"撤退"功能，玩家只要在第 6 回合结束前单击"撤退"按钮，则只会输 1 分，大大降低了落后一方的负面反馈。

不仅如此，*SNAP* 为了尽可能给玩家正向反馈，在匹配机制上非常与众不同。*SNAP* 不是像其他游戏那样要么使用 ELO 算法匹配，要么就是以接近段位进行匹配，而是以"收藏等级"为基准进行匹配，也就是以玩家牌库中的卡牌数量为标准，取其拥有近似数量的玩家进行匹配。这样的匹配方式，可让每局对战的玩家双方拥有差不多的卡牌，因此不太会容易过早产生"被更强力牌组压制"的挫败感，实时保护了玩家的游戏心理。

SNAP 能获得 2022 年 TGA "最受欢迎移动类游戏大奖"，结合其夸张的前期市场表现，足以证明这款游戏的优秀。其中可以分析的细节还有很多，如和游戏深度及可玩性相关的"卡组流派""克制关系"等。本文受限于篇幅将不再赘述，但我希望读者能在通读本书后，带着系统性、逻辑性的思维多多体验这款"教科书"般的卡牌游戏，相信读者将获得更深入、更全面的竞技游戏设计认知。

第 2 章

先自己设计一款对战桌游

在展开讲述各种理论知识前，我希望先用一个章节从零开始设计一款小型桌游，以最低的成本、用最简单的工具，与大家一起体验竞技游戏的设计乐趣，这既不枯燥，同时还能让读者了解基础游戏设计概念。

2.1 选题

竞技游戏并不局限于电子游戏，足球、篮球、围棋、田径都是人类顶级的竞技项目。它们有的比拼智力，有的比拼体力，有的比拼经验或者勇气。读者可以利用各种项目去实现自己的竞技游戏设计想法。之所以选择卡牌作为案例，是因为牌类游戏更靠近电子游戏的玩法内核，读者只需要简单的工具、付出极小的成本，即可获得从无到有开发一款对战类游戏的成就感。

以《英雄联盟》、Dota 2 和《王者荣耀》为主的MOBA 类产品，依然是眼下全球电子竞技市场中受众最广、观赛人数最多的游戏类型。因此，选取 MOBA 为基底，不仅可以大幅降低游戏设计的学习门槛，同时也更符合过去及未来相当长一段时期的市场趋势。

接下来为游戏选择题材，这里的题材是指要使用什么 IP 进行包装，比如 SNAP 基于漫威，《炉石传说》基于《魔兽世界》。确定游戏产品目标受众，才能决定游戏使用何种题材和 IP。

随着"文化自信"及国力的持续增强，近些年中国传统文化在年轻人群体中愈加受到追捧，所以在中国古典文化宝库中搜寻题材可能是不错的选择。我们还要考虑题材是否适配 MOBA 中天马行空的技能设计。有些读者可能立即想到了《三国演义》《西游记》等耳熟能详的古典小说，这确实是很好的选择，但市场中类似的题材实在是多如牛毛，很难在其中脱颖而出。

众所周知，英雄是 MOBA 玩法的绝对核心，因此游戏对题材中角色数量及可扩展性要求非常高。在没有更好的想法前，我们暂时将游戏题材宽泛地划定为"中国古代神话"，这样就拥有了取之不尽、用之不竭，同时又可以让玩家有熟悉感的角色宝库。

最后，要给我们即将创作的卡牌产品起一个暂定名，以方便后续的沟通交流。我在写这本书时，恰巧有一部叫《狂飙》的电视剧在国内非常火爆，那我们就暂且将卡牌游戏命名为《狂飙天神》。

最后用一句话来概括《狂飙天神》：这是一款基于 MOBA 核心玩法的中国古代神话题材卡牌类桌游。万事俱备，只欠东风，接下来就请读者和我一起，开启《狂飙天神》的游戏设计之旅吧！

2.2 集合与单位

2.2.1 集合

《斗地主》、麻将和《德州扑克》，皆是全球流行的游戏，这三者在核心玩法上有一个共同点：

将随机集合整理成有序集合。这句话比较拗口，让我们来看看好莱坞女明星茱莉娅·罗伯茨对麻将玩法的描述。

主持人： "你平时休息的时候会做些什么？"
茱莉亚： "我每周都会和闺密一起打麻将。"
（场上观众鼓掌）
茱莉亚： "看来观众也有很多打麻将的！"
主持人： "你能告诉我学习麻将的关键点吗？"
茱莉亚： "麻将的关键是在随机的无续中建立符合规则的秩序。"
主持人： "哇，这太深奥了。"

上述对话不仅诠释了麻将的深邃内涵，而且证明了麻将在全球范围内的流行程度。甚至连近年流行的自走棋，也借鉴了麻将的底层玩法。即使《斗地主》和《德州扑克》在规则上与麻将看起来大相径庭，但只要认真探究，我们就会发现这三款游戏的对局流程都是洗牌—摸牌—出牌。有的读者可能不屑一顾："这不是废话吗？哪个牌类游戏不是这样？"但就是这个简单的过程，决定了牌类游戏具备可玩性的基础。

我们在设计《狂飙天神》时也要在设计原理上，遵循这一底层共性。回顾上面那句拗口的"将随机集合整理成有序集合"，无论是随机集合还是有序集合，都离不开集合，因此，创建集合的大致框架，是设计游戏的第一步。

既然《狂飙天神》的定位是 MOBA 类卡牌，我们就得先归纳 MOBA 类游戏的组成元素：地图、英雄、小兵、野怪、建筑、装备、物品、金币。其中，地图包含路和草丛，英雄要有基础数值和各种技能，建筑又分为塔和基地。这就自然而然地形成了游戏中的单位集合：<u>英雄集、技能集、装备/物品集、建筑集</u>。

确定了集合后，接着梳理这些集合之间的关系：地图中的草丛是为了让英雄隐身，技能则需要通过英雄释放，装备与物品也需要通过英雄体现，建筑则需要通过英雄摧毁。因此，将英雄定义为"**核心集**"，将技能、装备等暂时定义为"**其他集**"，就可以顺其自然地得到两堆卡组，甚至可以推理出游戏的初步机制。

两名玩家面对面，每人从各自的英雄卡组中抽取一张英雄卡，对立摆放，再从其他集的卡组中抽取 N 张卡，根据策略出牌。

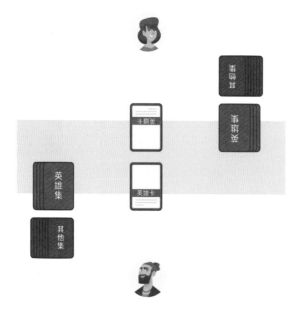

接下来继续细化集合。

先说技能集，我们知道，MOBA 类游戏中英雄有普攻和技能两种攻击方式，每个英雄的普攻又根据攻击距离分为近战攻击和远程攻击。

MOBA 类游戏中每个英雄都有自己的独特技能，技能是属于英雄的，玩家在游戏中选择一名英雄，本质上是选择该英雄所附带的技能组。所以技能牌中的第一个特征，是要"指定哪名英雄可以使用该技能"。换句话说，每张英雄卡，都要搭配对应的若干张技能卡，如果玩家没有放出该技能组对应的英雄卡，则这些技能无法通过别的英雄释放。

接下来是装备 / 物品集，不同 MOBA 游戏中的装备是不同的，但整体可以被归类为增加属性、增加技能等。物品集则除类似血瓶这种直接改变数值的外，还有"真眼 / 假眼"等。

最后是建筑集，MOBA 中的建筑有防御塔和基地，防御塔作为延缓游戏进程的策略点在设计中可以暂不考虑，而是将基地单独拎出，用作判定对局胜负的道具。

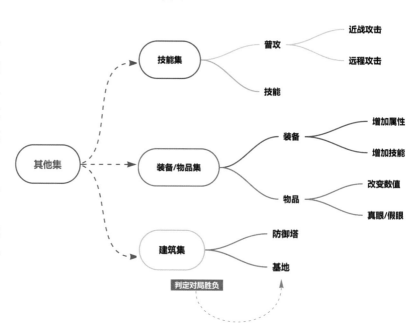

关于集合，本书第 4 章将有详细分析，请读者仔细阅读，深入了解集合在游戏设计中的相关知识。

至此，一款基于 MOBA 玩法的对战类卡牌游戏已经初见雏形。有细心的读者可能会想到："小兵、野怪和防御塔为什么没有融入集合？"受限于篇幅，我希望读者可以发挥自己的想象力，在阅读完本书后，再将它们融入《狂飙天神》的玩法中。

2.2.2 单位

正如组织是由个体组成，集合则是由单位组成。在卡牌类游戏中，一张张的卡牌是卡组内的最小单位。在上文已经归纳出《狂飙天神》的单位集合分为英雄集、技能集、装备 / 物品集、建筑集。接下来我们将逐一讨论集合内的单位。

1. 英雄集

英雄是 MOBA 中最核心的单位。抛开技能（包括被动技能）与角色外观设计，实际上每个英雄的区别只体现在基础数值中。英雄的基础数值包含生命值、攻击力、护甲值、魔法值 / 能量值 / 怒气值、法术强度、攻击速度、攻击距离、移动速度等。

生命值（血量）：市面上同类产品中，卡牌一般只有"生命值（血量）"和"战力（攻击）"这两个基础属性。其他属性在桌游中难以表达。实际上生命值在实体卡牌中就已经不太方便体现，但这又是英雄存在与消失的唯一判定标准，所以我们尽量想办法将其保留在英雄卡上。例如，《万智牌》使用骰子压在卡牌上，通过 6 面的点数表达英雄血量。

攻击力（普攻）：现在绝大部分卡牌游戏，当英雄卡显示攻击力时，往往代表着该卡可以用于直接攻击其他单位，这是玩家与产品之间约定俗成的习惯。而攻击力属性是否也要体现在英雄卡上，容我们思考一下，将可能产生的结果都罗列出来。

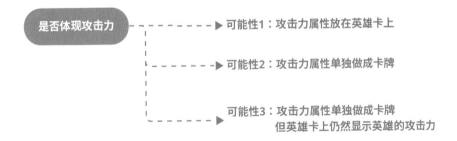

（1）攻击力属性放在英雄卡上。这是绝大部分卡牌的常见做法，攻击力原本就是英雄的基础属性，是所有英雄的必备属性之一，大名鼎鼎的《万智牌》即可让某些卡牌互相攻击。只是这样也会带来一些缺陷，《万智牌》中的生物牌在互相攻击时，由于使用骰子表达生物血量，所以在攻击时，不得不一边压着骰子一边攻击，这样操作起来稍微有些不方便。

（2）攻击力属性单独做成卡牌。当攻击力单独做成卡牌时，由于攻击力是所有英雄的通用数值，只是具体数字有所不同。因此，我们可以将攻击力设置为数值为 1、2、3 等的卡牌，统称为"普攻牌"，可通用于对局中任何一名英雄。每当玩家想要使用英雄进攻时，则直接在普攻牌中抽取卡牌向对手展开攻击。我们还可以将普攻牌与技能牌混在一起，从而增加游戏的随机性。但这样的设计就产生了另外一个问题：英雄的攻击力数值如何区分体现？总不能让所有英雄都可随机使用任何数值的普攻牌，这就减少了不同英雄之间的差异性。

（3）攻击力属性单独做成卡牌，但英雄卡上仍然显示英雄的攻击力。每个英雄都只能使用对应攻击力数值的普攻牌。例如，一张英雄牌的攻击力为 3，玩家手牌中分别有数值为 1、2、3 的普攻牌，玩家如果想通过该英雄牌攻击，则可出一张数值为 3 的普攻牌，也可将数值为 1 和 2 的普攻牌组合起来一起打出。如此设计，不仅使玩家无须压着骰子操作英雄卡，还增加了攻击的随机性，同时由于可以组合普攻牌数值，从而提升了游戏策略性。

魔法值（包括能量值 / 怒气值，这里统称为魔法值）： 在 MOBA 中普遍存在，大部分技能需要消耗魔法值，魔法值越多，英雄就能释放越多的技能，所以魔法值主要用于限制玩家的技能释放频率。而现在的卡牌游戏，往往用"费"限制玩家出牌，如《万智牌》中就存在白、蓝、黑、红、绿 5 种颜色的费，不同颜色的费对应着不同的卡牌，加强了牌组策略和游戏深度。

而《炉石传说》则只有一种法力值（巫妖王的尸体是特例），每回合自动增加，最多可有 10 费。《狂飙天神》又该如何表达费呢？

这取决于我们要将魔法值、能量值、怒气值合并成一种数值类型，还是要将这三者区分开，分别对应不同的技能类型。我认为，《狂飙天神》既然是以 MOBA 做底子，而技能作为 MOBA 可玩性最强的要素，在一定程度上保持技能类型的多样性是非常有必要的，也可最大化还原 MOBA 的感觉。当然，这必然会增加游戏复杂度，提高玩家刚接触游戏时的卡组门槛。不过，反正是自己设计的游戏，如果在测试中发现玩家不喜欢，我们完全可以不断对其进行修改和完善，没有任何产品可以一蹴而就，通过不断地悉心打磨，让游戏愈加好玩，才是游戏设计的关键之道。

下面尝试将这三者融入卡牌游戏中。

魔法值：与《万智牌》的"配地"一样，魔法值通过抽取卡牌获得，玩家需要在组卡时计算好技能卡的魔法值需求量，并将对应的魔法值数量带入卡组。

能量值：MOBA 中的能量值回复方法各有不同。但究其本质皆以"鼓励玩家参与战斗"为目的，因此可以将能量值附在普攻卡上，让普攻数值与能量数值结合在一起，玩家每出一张普攻卡，就可获得一定的能量，通过积攒的能量，再释放其他技能。这样设计还有一个好处就是，不用再增加卡种，玩家可以在有限的卡组中尽可能地思考如何平衡搭配以适应自己的阵容，而不是被过多的单一卡种占据稀缺资源。

怒气值：MOBA 中使用怒气值的英雄很少，怒气值和能量值的本质差别不大，都是为了鼓励玩家积极参加战斗，是一种参加战斗的"奖励反馈"。我则想尝试一个新的思路，不知能否为游戏带来新的乐趣——直接把怒气值附加到英雄卡上，如果在场的英雄死亡离场，则玩家可以把该英雄卡当作怒气值资源，用于释放其他技能。这样可以算是给失去英雄的玩家一个补偿，给玩家一个可以"翻本"的心理预期："英雄死了没关系，我快能放大招了！"当然，只有在实际测试中仔细观察玩家行为，才能验证这样的设计是否合适。

2. 技能集

MOBA 的技能类型大概可分为伤害、增益、控制三大类别。

每个大类又能继续细分为若干小类。例如，伤害可以分为单次伤害和持续伤害，还可以分为单目标伤害和范围伤害；增益类又包含治疗、护盾、增加攻击力等；控制类则包含减速、固定、禁止攻击等。

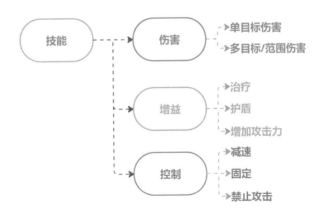

我们将上述这些小技能统称为技能元，通过对技能元的有序排列，便可设计出各种复杂技能。技能的专题会在本书第 4 章详细讲述。

与 PC 端的 MOBA 游戏一样，《狂飙天神》的可玩性也应体现在丰富的技能设计上。也许有的读者在此处会有些摸不着头脑，看着其他游戏中琳琅满目的技能卡，自己却无从下手。实际上，技能是典型的符合"道生一、一生二、二生三、三生万物"的强逻辑链的设计过程，现在就让我们从零开始设计。

我们已经约定了《狂飙天神》的英雄卡基础属性包含生命值和攻击力，生命值既然可以通过攻击力减少，那么就可以通过治疗恢复，而回复生命值是生命值减少以后的后手操作，所以要让玩家可以通过护甲对英雄的生命值进行先手保护。这样就获得了3条技能设计的线索。

由于每个英雄都有普攻和技能，普攻是物理攻击，技能可以是物理攻击也可以是魔法攻击，攻击力又可分为单目标伤害与多目标伤害。

有矛就有盾，既然有护甲类技能，那么就有"无视护甲"的攻击技能，该技能常见于魔法攻击。

攻击力可以单次结算，也可以多次结算，后者被称为"持续伤害"。

治疗类技能也可以进行细分。例如，可以分为单目标和多目标回血，同样也可以是单次回血与持续回血。

同理，护甲也可以分为单目标与多目标。

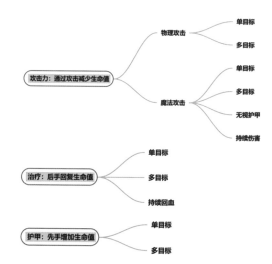

本章的目标是起到抛砖引玉的作用，请读者自己去发挥，想一想基于生命值，还可以继续拓展哪些逻辑？这里可以提示一下，比如英雄卡的预设攻击力，是不是可以在技能中被调整？

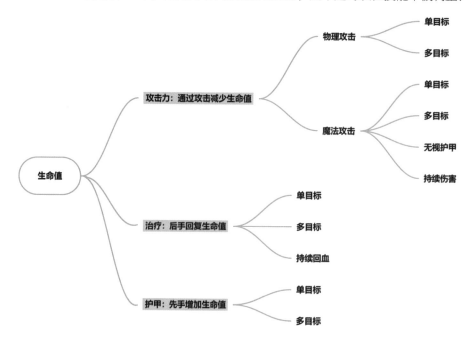

上文针对生命值做了展开，这只是组成技能的很小一部分，由于篇幅有限，让我们先继续沿着游戏设计流程往下走，更多的技能可以在后续不断地补充和完善。

3. 装备 / 物品集

（1）如何获得金币

玩家在 MOBA 中通过工资或击杀小兵 / 英雄获得金币，金币可用于购买装备和道具。但在《狂飙天神》中，为了让游戏节奏更加紧凑，缩短战斗时长，暂时没有设计小兵的打算。也许可以采用击杀英雄的方式获得金币，但试想一下，击杀英雄以后获得金币奖励固然可以让击杀方感到高兴，但被击杀方则很难再有回旋余地——自己在场上已经失去了一枚英雄卡，同时还为对手做了嫁衣，挫败感实在太强了。

那么如何不给落后的一方带来更多的挫败感，同时还可以让领先的一方获得奖励？还记得前文关于生命值的系列卡牌吗？我们可以让前文中的某些技能带有金币属性。例如，玩家释放了一个带有金币的技能卡，该技能释放完后，可以积累金币，用于购买装备。

但具体逻辑值得深究：A 玩家释放带金币的技能卡后，金币到底是给 A 玩家还是给 B 玩家呢？

游戏设计几乎不可能一蹴而就，大量的经验都是在这样左右摇摆中权衡揣度，本文实在是受限于篇幅，某些需要大量思考的设计决策，只能一笔带过，希望读者能多加思考、多多练习。回到上一个问题，我们还是用推演的方法来分别考虑两种不同方式的过程和结果。

如果金币给 A 玩家，A 玩家只要技能放得越多，金币也就积累得越多，则获得的装备与道具也就越多。

如果金币给 B 玩家，则 A 玩家释放技能时，就会变得谨慎，因为一旦释放，就会给 B 玩家增加金币。

两种方法似乎都可行，前者可让玩家的金币快速滚起雪球，后者可增加游戏思考深度，平衡对战双方的势力关系。基于《狂飙天神》的游戏定位，先采用前一个方法，等到进入测试阶段时，再根据玩家的实际反馈做后续调整。

（2）装备与道具的分类

一般情况下，为了与技能区别，MOBA 中的装备可在对局中持续提高英雄属性，或持续产生额外的效果。正因如此，我们也可以概括地将装备等同于持续产生作用的技能。装备一般分为如下类型。

– 武器：提高英雄的物理攻击力　– 防御装备：减少英雄受到的物理和魔法伤害

– 魔法道具：提高英雄的魔法攻击力　– 法术强化道具：提高英雄的法术强度

– 生命增益道具：提高英雄的生命值　– 效果道具：提供各种辅助效果

　　道具可以直接设计成卡牌。例如，《英雄联盟》中的红瓶、蓝瓶、绿瓶，都是围绕生命值和法力值起作用。唯独有些纠结的是清除战争迷雾的假眼，以及显示隐身敌方单位的真眼。由于桌游中很难实现战争迷雾，因此假眼就没有存在的意义。所有卡牌都有正反面，所以隐身可以通过将卡牌背面朝上实现，我们甚至可以把草丛也做成卡牌，用草丛来隐藏英雄卡，插眼可以反制草丛，让英雄卡现身，从而增加游戏乐趣。

4. 建筑集

　　MOBA 中的建筑较少，却是判定游戏胜负和进度的关键；同时野怪可以给英雄升级，还可以加快游戏进度，缩短对局时间。可以将 MOBA 中的基地单独做成道具，并设定血量，摆放在对局双方的面前，用于当作对局胜负判定标准。至于野怪，受限于篇幅，留给玩家自行设计。

2.3　游戏规则

　　读者在阅读本节时，请准备纸和笔，与我一起基于 MOBA 的核心机制，结合前文中设定的集合与单位，推演出《狂飙天神》的桌游规则。

2.3.1　理牌

　　基于前文，《狂飙天神》的集合共有 4 种，分别是英雄集、技能集、装备 / 物品集、建筑集。其中，英雄集单独作为卡组，建筑集只有一个基地，也单独拿出来；然后将其余 2 个集合组合成为一个卡组，统称技能卡组。

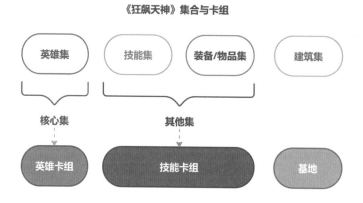

《狂飙天神》集合与卡组

之所以没有像《万智牌》那样将所有卡牌都放在同一个卡组，是因为 MOBA 的技能是基于英雄释放，离开了英雄，技能则无处施展。先设定《狂飙天神》中玩家可以自选 30 张牌组成技能卡组带入对局。

为了缩短游戏时间，暂时设定英雄不能在对局中复活，假设 30 张牌中有 5 张英雄卡，在牌洗开的情况下，玩家首次摸牌即可拿到英雄卡的概率为 5/30。换言之，玩家无法在首次抓牌就可获得英雄卡的概率为 25/30，也就是 5/6，这个概率对围绕英雄的卡牌游戏而言实在是太低了。因此需要玩家在不凭借运气的情况下，让英雄先上场，解决办法就是将英雄卡单独成组，与其他集合区分开。

接下来进入玩家卡组阶段，这个过程带给玩家的游戏乐趣不亚于对局，同样充满策略性。

确定玩家可带进对局的卡组内的卡牌数量。假设《狂飙天神》初期一共发布 20 个英雄，玩家依照自己的策略挑选 5 名英雄带进对局；和 MOBA 一样，假设每名英雄都有 4 个技能，则技能卡组有 20 张；继续假设场上的 5 名英雄都至少可以穿上 1 件装备，则 5 名英雄就要带 5 张装备卡，再加上普攻牌、魔法值（费）、道具牌，预计卡组内至少需要设置 40~50 张卡牌。这样看来卡牌有点多。《万智牌》有 60 张牌，每局时间需要 20~40 分钟，我们可以随时调整，如限制每个英雄只能有 3 张技能卡，或者减少装备卡。这些都可以在设计中后期进行调整。

至少在本段，我们明确了《狂飙天神》包含英雄卡组和技能卡组，其中技能卡组包含普攻卡、技能卡、装备卡、道具卡及魔法值（费）卡。

2.3.2 确定先手

规定先手的方式有很多，可以和《万智牌》一样，在对局开始前让玩家掷出双方基地前的骰子，点数大的一方先手出牌。

2.3.3　胜负判定

一般情况下，确定胜负判定的标准是制定游戏规则的第一步。MOBA 的胜负判定非常简单，就是看哪方的基地先被推倒。在前文中已经决定将基地单独做成道具用于胜负判定，因此可以直接将基地画在纸上。

基地有生命值，生命值到 0 时对局结束，桌游中一般使用骰子表示生命值，再简单画两个骰子放在基地前方。

2.3.4　洗牌与抓牌

还记得前文所述的"将随机集合整理成有序集合"吗？洗牌与抓牌便是这个理念的执行过程。在《狂飙天神》中，由于玩家有 5 张英雄卡及 40~50 张技能卡，玩家可以根据自己的策略选择 5 张英雄卡的出卡方式；然后对另外 40~50 张技能卡打乱顺序，进行洗牌。当然，也可以像《万智牌》一样要求玩家之间互相洗牌，这样可以尽可能地保证公平性，充分体现随机性。

2.3.5　出牌

假设有小强和小美两名玩家，此时双方面前都摆放了一座带有血量的基地，双方手边拥有两堆卡组（英雄卡组与技能卡组），并已经通过掷骰子决定了先后手的顺序，确认了双方的目标是摧毁敌方的基地。自然而然地，玩家既需要拿出英雄去攻击对方的基地，同时自己的基地也需要有英雄保护，于是玩家小强开始准备将自己的英雄卡放入场地。

1. 如何打出英雄卡

作为游戏设计师，我们往往需要"逐帧"分析游戏体验，并揣摩玩家心理。这是设计师无时无刻不在思考的问题。此时此刻，《狂飙天神》可以给小强两个选择：一个是只能放 1 张英雄卡，另一个是可以选择一口气放 5 张英雄卡，那如何才能做出比较合适的决策呢？

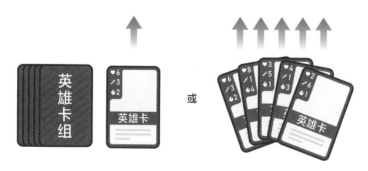

这里要引入"用户同时处理信息量"的概念，这就好比客厅里有 1 台电视正在播放 1 个节目，观众只接收来自 1 个信息源的信息。但如果客厅里有 5 台电视播放着完全不同的节目，此时观众就需要同时接收来自 5 个信息源的信息，明显会使观众有不适感。不仅如此，在以休闲娱乐为主要功能的产品中，无论多么复杂的信息，都尽量要让玩家循序渐进地获取，而不是一股脑地倾倒给他们。

那么，小强一口气放出 5 张英雄牌，也许是他在对局前就已经考虑好的，此时并没有信息处理成本。但小美则需要一下子面对 5 个英雄及即将来临的 20 张技能牌，此时信息量就相对过大了。我们可以设定玩家在前 5 个回合中的每回合只能放 1 张英雄牌，这样不仅减少了每名玩家在对局开始时所要面对的信息量，还可以让 2 名玩家每回合都有"你来我往"的博弈感。

解决了英雄卡的出牌问题，还有另外一个问题需要思考：在对局开始时，玩家手里除了有 5 张英雄卡外，能持有多少技能卡呢？一般情况下，这取决于游戏设计师希望一局游戏能在多少个回合内结束战斗。

2. 初始的手牌应该有几张

先假设《狂飙天神》的技能卡组最多只能有 40 张，再假设初始时玩家能持有 5 张，之后每回合玩家最多可以抽 2 张，简单计算就可得出对局将在 17~18 回合内消耗完玩家所有手牌，对战的双方是 2 名玩家，所以总计应该在 35 回合左右。假设每回合持续 20~60 秒，按 45 秒 / 回合计算，则 35 回合的持续时间大约为 1575 秒，也就是 26 分钟左右。这对于一个主打轻松愉快的休闲卡牌游戏而言，将近半个小时的对局时间，显然有点太长了，因此必须调整设计，并且要反复调整。

如果需要反复调整设计，则上述的计算方式显得有点过于笨拙，完全可以使用 Excel 建立一个小型的自动化表格，方便我们快速获得调整结果。

目前常见的集换式卡牌游戏（Trading Card Game，TCG），正逐渐压缩对局时长，从《万智牌》的每局 50 分钟（标准对局），到《炉石传说》的每局 10~20 分钟，再到 SNAP 的每局 5~10 分钟，我们会发现战斗对局的时长越来越短。这与现在玩家的生活节奏息息相关，从电视剧到短视频，从电影到综艺，各种各样的娱乐项目碎片化争夺着所有目标用户的时间，用户可能会同时玩好几个游戏。我们需要在尽量争夺用户注意力的同时，尽可能地想办法在极短的时间内给玩家带来最大的乐趣。有些资深玩家可能会感到无奈甚至唾弃，但这确实是大势所趋，游戏设计师只能顺应玩家的习惯。

此处，我重新设定了自变量，尽量让《狂飙天神》一局控制在 10 分钟左右。

调整后的总对局时长为 12.5 分钟，每回合抽 3 张牌，技能卡组牌数总张数压缩到 30 张。

设:		
	技能卡组牌数总张数	40
	第一回合抽牌数	5
	其余每回合抽牌数	2
	每名玩家预计回合数	17.5
	预计对局总回合数	35
	每回合时长（秒）	45
	总对局时长（分钟）	26.25

表中红色数字为变量，蓝色数字为自变量，只需要修改红色数字中的任意数字，便可自动计算出需要的结果。Excel 是游戏设计师仅次于纸笔的重要的设计工具，掌握 Excel 的一些基础操作是所有游戏设计师的必备功课。

设:		
	技能卡组牌数总张数	30
	第一回合抽牌数	5
	其余每回合抽牌数	3
	每名玩家预计回合数	8.333
	预计对局总回合数	16.67
	每回合时长（秒）	45
	总对局时长（分钟）	12.5

3. 战场应该如何布置

与MOBA一样，《狂飙天神》的战场也设计成3条路，并设计成前后两排，这样就会有6个格子，5名英雄在6个格子中如何摆放，本身就已经产生了博弈性。

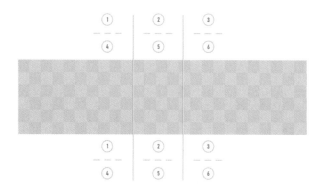

英雄牌区：玩家有5张英雄牌，英雄又分为近战和远程、物理和法系、坦克和辅助。将战场分为3路，每条路上横向只能放置3名英雄，这样在战场的机制上就会引导玩家注意英雄搭配。

魔法值（费）牌区：设置好英雄的位置后，再将魔法值（费）牌放在英雄牌和基地之间，并给玩家预设好固定放置位。

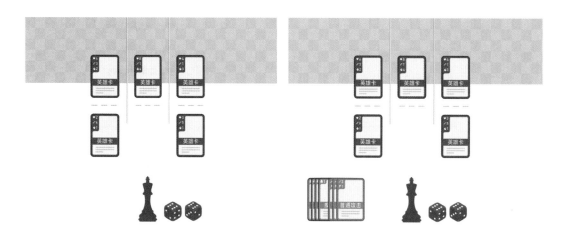

金币区：与魔法值（费）牌区一样，金币也是玩家出牌资源的一部分，玩家可将其放在魔法值（费）牌区的附近。

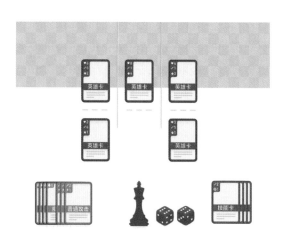

技能卡组区： 为了向对手表示尊重及保持桌面整洁，同时考虑到左右手习惯的不同，待抽取的技能卡组可放置在战场左上角或右上角的位置，玩家抬手就能抓到。

废牌区： 与技能卡组区一样，即使是废牌，也要统一放置在一个区域内，这样可以方便对局结束后快速理牌，还可以在一定程度上预防玩家作弊。

至此，《狂飙天神》的游戏规则的大致推演就告一段落，但这仅仅是开始，当游戏进入实际测试后，必然会产生大量的问题，设计师要根据玩家的实际反馈，调整并修改设计。

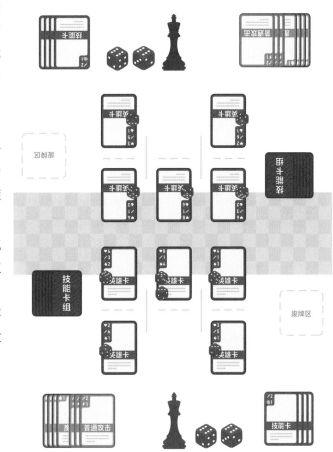

2.4 设计卡牌

初步完成选题、集合、规则的设计后，终于来到了游戏的内容开发。有些读者可能会认为内容开发是第一步应该做的，其余都应该放到后面；也有读者认为，选题、集合、规则，都属于游戏框架，就像盖楼一样，先有框架，再向框架内填一块块的砖头。实际上，这纯粹属于设计师的个人习惯，读者在实际操作时，既可以先从内容开始设计，再把设计的内容概括成逻辑框架；也可以按照本文的设计顺序，先搭框架再开发内容，两者并不冲突。因为游戏设计的实际情况是，不管从哪里开始设计，都无法避免回过头进行多次的整体性修改。

2.4.1 制表

前文已经提到，Excel 是游戏设计师的必备工具，希望读者能熟练掌握。现在需要将前文所述集合中的所有单位制作成表格，该表格俗称"配置表"。使用配置表的好处是显而易见的，不仅清晰明了，且方便后续进行反复调整。设计配置表的第一步是制作配置表框架。

（1）游戏的一切玩法都基于英雄，我们先将英雄放入 A 列中，空出 A1，自 A2 向下纵向列出所有英雄，假设有 20 名英雄。

（2）每个英雄都有两个属性，分别是生命值和攻击力，将其填入 B1 和 C1。为了使横排与纵列区分开，我将横排用绿色填充。此时，为了方便举例，在两列中填入 1~6 的随机数字，即可表达每个英雄的生命值与攻击力。

（3）Excel 中填充的 1~6 的随机数字，只需要在单元格内填入公式"=RANDBETWEEN(1,6)"，然后拖曳单元格右下角的填充按钮，即可自动生成。

简单几步就获得了 20 名英雄的基础数值。例如，英雄 12，生命值是 3，攻击力是 1；英雄 17，生命值是 3，攻击力是 5。

	A
1	
2	英雄1
3	英雄2
4	英雄3
5	英雄4
6	英雄5
7	英雄6
8	英雄7
9	英雄8
10	英雄9
11	英雄10
12	英雄11
13	英雄12
14	英雄13
15	英雄14
16	英雄15
17	英雄16
18	英雄17
19	英雄18
20	英雄19
21	英雄20

	A	B	C
1		生命值	攻击力
2	英雄1	1	3
3	英雄2	5	1
4	英雄3	4	5
5	英雄4	3	3
6	英雄5	4	1
7	英雄6	5	5
8	英雄7	3	5
9	英雄8	5	3
10	英雄9	6	2
11	英雄10	5	3
12	英雄11	3	4
13	英雄12	3	1
14	英雄13	6	3
15	英雄14	2	5
16	英雄15	4	6
17	英雄16	2	3
18	英雄17	3	5
19	英雄18	6	2
20	英雄19	4	3
21	英雄20	2	4

虽然现在已经完成了英雄基础属性的配置表结构设计，但这显然远远不够，还需要把技能框架也体现在配置表内。

（4）已知每名英雄拥有 4 个技能，因此先让每名英雄都占据 4 行（先将刚才举例用的随机数清除），并在 D 列中填入 4 个技能的名称。为了便于查阅表格，每名英雄下方都制作一条分割线。

（5）接着，将前文中总结过的技能单元横向填入表格。

注意配置表中的类型名称不仅不能而且没有必要出现相同内容。例如，无论是物理攻击还是魔法攻击，都有单目标和多目标的选项时，就无须重复填写。至此，一个简单的配置表框架就完成了。

	A	B	C	D	E	F	G	H	I	J	K	L	M	N	O
1	英雄名字	生命值	攻击力	技能名称	物理攻击	魔法攻击	治疗	护甲	单目标	多目标	无视护甲	持续伤害	持续回血		
2	英雄1			技能A											
3	英雄1			技能B											
4	英雄1			技能C											
5	英雄1			技能D											
6	英雄2			技能A											
7	英雄2			技能B											
8	英雄2			技能C											
9	英雄2			技能D											
10	英雄3			技能A											
11	英雄3			技能B											
12	英雄3			技能C											
13	英雄3			技能D											
14	英雄4			技能A											
15	英雄4			技能B											
16	英雄4			技能C											
17	英雄4			技能D											
18	英雄5			技能A											
19	英雄5			技能B											
20	英雄5			技能C											
21	英雄5			技能D											
22	英雄6			技能A											
23	英雄6			技能B											
24	英雄6			技能C											
25	英雄6			技能D											

（6）和刚才一样，还是用随机数字来填写生命值和攻击力。

（7）假设英雄1的技能A是单目标的物理攻击，该如何填写呢？很简单，在物理攻击和单目标中填入1，行内其他单元格填0。1代表"是"，0代表"非"。

（8）再来一条，假设英雄1的技能B是单目标持续伤害的物理攻击，则在物理攻击、单目标和持续伤害中填1，其余填0。

此时，有细心的读者可能会问：此处只表达了每个技能的类型，如果想要表达技能的具体数值，又该如何填写呢？

其实，只需要直接用具体数值代替"1"填入相应单元格即可。我之所以要多此一举，只是为了能让读者获得更清晰的逻辑。在设计前期，框架逻辑性的重要性远远大于具体的数值。例如，英雄1的技能A是数值为4的单目标物理攻击，技能B是数值为2，单目标持续3回合的物理攻击。

	英雄名字	生命值	攻击力
1	英雄名字	生命值	攻击力
2	英雄1	1	1
3	英雄1	1	1
4	英雄1	5	4
5	英雄1	4	1
6	英雄2	5	4
7	英雄2	2	1
8	英雄2	1	3
9	英雄2	6	5
10	英雄3	5	4
11	英雄3	6	2
12	英雄3	5	6
13	英雄3	2	5
14	英雄4	5	2
15	英雄4	1	5
16	英雄4	6	6
17	英雄4	5	6
18	英雄5	4	6
19	英雄5	2	3
20	英雄5	5	2
21	英雄5	5	4
22	英雄6	1	2
23	英雄6	4	2
24	英雄6	5	3
25	英雄6	5	6

英雄名字	生命值	攻击力	技能名称	物理攻击	魔法攻击	治疗	护甲	单目标	多目标	无视护甲	持续伤害	持续回血
英雄1	1	1	技能A	1	0	0	0	1	0	0	0	0
英雄1	1	1	技能B									
英雄1	5	4	技能C									
英雄1	4	1	技能D									

英雄名字	生命值	攻击力	技能名称	物理攻击	魔法攻击	治疗	护甲	单目标	多目标	无视护甲	持续伤害	持续回血
英雄1	1	1	技能A	1	0	0	0	1	0	0	0	0
英雄1	1	1	技能B	1	0	0	0	1	0	0	1	0
英雄1	5	4	技能C									
英雄1	4	1	技能D									

英雄名字	生命值	攻击力	技能名称	物理攻击	魔法攻击	治疗	护甲	单目标	多目标	无视护甲	持续伤害 N=回合	持续回血
英雄1	1	1	技能A	4	0	0	0	1	0	0	0	0
英雄1	1	1	技能B	2	0	0	0	1	0	0	3	0
英雄1	5	4	技能C									
英雄1	4	1	技能D									
英雄2	5	4	技能A									
英雄2	2	1	技能B									
英雄2	1	3	技能C									
英雄2	6	5	技能D									
英雄3	5	4	技能A									

注意：持续伤害单元格内要备注N=回合，这代表此列单元格内填写的数字代表的是回合数，与伤害数值区分开。就如同代码中的注释一样，即使是你一个人独立开发的游戏，也要在配置表中尽量留下这种小型备注，养成良好习惯。

技能卡除了上述基础属性外，还有魔法值、金币等属性，同时要完善英雄1的另外两个技能。

至此，第一个英雄大致设计完成，这是最简单的案例，技能本身的可玩性很低，此处只是起抛砖引玉的作用，目的是让读者能够理解配置表的搭建方法。下一小节，继续使用配置表，了解相对复杂的技能设计过程。

英雄名字	生命值	攻击力	技能名称	物理攻击	魔法攻击	治疗	护甲	单目标	多目标	无视护甲	持续伤害 N=回合	持续回血
英雄1	3	6	技能A	4	0	0	0	1	0	0	0	0
英雄1	6	1	技能B	2	0	0	0	1	0	0	3	0
英雄1	5	4	技能C	0	0	0	1	1	0	0	0	0
英雄1	2	2	技能D	1	0	0	0	0	1	0	0	0
英雄2	3	5	技能A									
英雄2	1	1	技能B									
英雄2	2	1	技能C									
英雄2	3	6	技能D									
英雄3	4	3	技能A									
英雄3	6	1	技能B									
英雄3	4	4	技能C									
英雄3	2	5	技能D									

2.4.2 复合型技能与配置表

《英雄联盟》中的所有英雄都是复合型技能。所谓复合型技能，是指由多个技能元通过一定的顺序组合而成的技能释放逻辑。技能设计相关的具体讲解，详见本书第5章。本小节只对卡牌桌游做针对性的技能设计。

例如，《炉石传说》中牧师的经典卡牌"神圣新星"，其卡牌描述是："对所有敌人造成2点伤害，为所有友方角色恢复2点生命值。"这就是一个典型的将攻击与治疗复合而成的技能，让我们尝试使用配置表实现该卡的技能效果。

根据卡牌描述及对局中的实际效果，该技能可以拆分成如下几个关键字：

效果1：2点魔法伤害　　　效果2：恢复2点生命值

目标1：所有敌方随从　　　目标2：所有友方角色

再对比配置表，现在的配置表中可以实现效果1和效果2，但多目标的描述不够明确——多目标具体是指什么，需要更加准确的定义，因此要修改配置表。

（1）先将单目标、多目标、持续回合数都单独列在每个技能效果后面，用以对该技能效果进行更细化的定义。然而实际操作时并不需要如此烦琐，可以将两个目标直接合并成1个单元格，并将目标的阵营也组合进单元格，从而尽可能降低配置表的冗余度。

读者不要被突然增加的内容吓到，其实用心理解非常简单。在配置表中规定单目标=1，多目标=2；敌方=a，己方=b；指定=x，随机=y，所有=z。

（2）此时，使用英雄1的技能B来配置并还原"神圣新星"的技能效果。

效果1：2点魔法伤害即在H3中填入2　　　效果2：恢复2点生命值即在K3中填入2
目标1：所有敌方随从即在J3中填入2a|z　　　目标2：所有友方角色即在M3中填入2b|z　　　"|"代表分隔符

这样，当我们后续查表时，只需要看到这一行，不需要用文字描述，就可以明白这个技能的逻辑是怎样的。

有的读者朋友可能会问：为什么要通过配置表的数字、字母来管理技能，为什么不直接使用描述性文字呢？这是由于电子游戏实际的开发过程一般是用描述性文字进行设计—将描述使用配置表逻辑化—程序读取配置表。

这样的设计流程，既可以保证游戏开发的严谨性，又可以大大降低程序员的重复性工作。更重要的是，当游戏发布后，设计师想要修改游戏数据，无须更新整个游戏安装包，只需要更新配置表，即可完成游戏数据的迭代。所以，即使你是一个人进行设计开发，或者游戏规模非常小，也要严格使用配置表，这是现代游戏设计师的必备技能。

现在，给读者出两道思考题：尝试一下如何在配置表中将"烈焰风暴"和"奥术智慧"配置出来呢？

2.4.3　特殊效果

上一小节简单地介绍了配置表的工作原理和配置方式，以及通用性技能该如何设计，但有些特殊的、无法被归纳的特殊效果，则不完全适用上述方法。

先举一个例子让一些不太接触卡牌游戏的玩家了解什么是特殊效果。例如，《炉石传说》中的"德纳修斯大帝"的技能是"吸血，战吼：对所有敌人造成总计 5 点伤害。无限注能（2）：伤害增加 1 点"。

吸血：指该英雄攻击时，会给英雄回复对应攻击力的生命值。

战吼：指该张卡牌出场时的瞬间。

注能：指场上己方的随从被消灭，无限注能是指不受回合、数量限制。

吸血、战吼、注能是一张卡牌上除基础属性外同时出现的三个特殊效果。这三个特殊效果看起来非常复杂，但只要拨开文字描述的重重云雾，见识其逻辑的真相，便能掌握其设计技巧。

首先要把游戏所有细枝末节的玩家操作，全部梳理出来。例如，洗牌、己方回合开始、抽牌进手牌、放置英雄牌、放费牌、普通攻击、消耗费牌、使用某类或某张技能卡、己方回合结束、对手回合开始、对手回合结束、攻击敌方基地、己方基地被攻击、敌方 N 个英雄被消灭、己方 N 个英雄被消灭、敌方英雄受到伤害、己方英雄受到伤害、敌方基地被摧毁、己方基地被摧毁。上述操作，列出了玩家在参与游戏时的所有行为点，设计师只需要将这些行为点通过逻辑联结起来，再将其与前文中的伤害、治疗、护甲等基础属性结合起来，即可构成千变万化、充满可玩性的特殊效果。

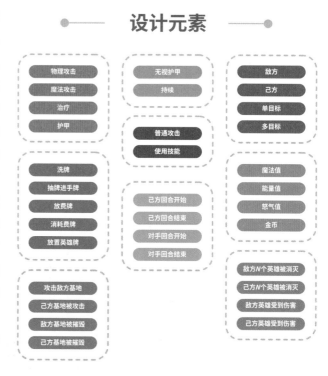

图中的设计元素如同食材，游戏设计师则好像厨师，食材经过厨师的烹饪，就成了一道道的菜肴，至于是否美味，则需要厨师用心体会每种食材的特性，反复尝试，积累经验。让我们通过两个例子加深理解。

"爆炸陷阱"——奥秘：
当你的英雄受到攻击，对所有敌人造成 2 点伤害。

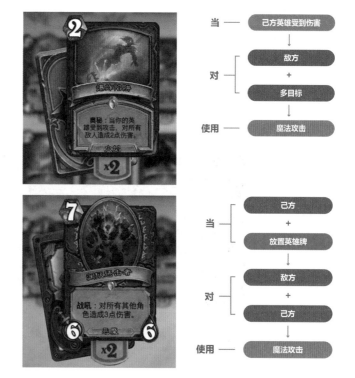

"渊狱惩击者"——战吼：
对所有其他角色造成 3 点伤害。

再根据上述流程，为《狂飙英雄》设计一个带有特效的技能卡。例如，将你拥有的 N 点能量值转化成 N 点攻击对敌方 1 名英雄造成伤害，如果敌方英雄被消灭，抽 1 张牌。

需要注意的是，受限于篇幅，卡牌可用的元素和机制远远多于图中所列，我更希望读者能理解其中的设计机制和逻辑关系，并希望读者可以自己整理出更多的设计元素。但要强调的是，任何卡牌都不是简单的元素罗列，如果一张卡上的元素过多，会增加玩家的学习成本，更有甚者如果每张卡都这么强力，则很难体现卡牌的差异化，大大降低游戏可玩性。特别强力的技能卡，必然是稀有的中高费卡牌，玩家的能量值越高，则这张牌的攻击力也就越强。玩家可以有意识地多选择一些附加能量值高的技能卡放入卡组，然后只需要选择合适的时机，便可对敌方单位造成致命的伤害。如此，我们就引出了卡牌游戏中的另外一个设计重点：设计套牌与爽点。

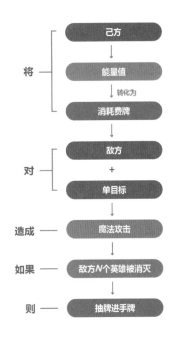

2.4.4　设计套牌与爽点

我们需要先了解构筑式与集换式卡牌的区别。所谓构筑式，是指参与对局的所有玩家共享一套卡牌池，读者特别熟悉的《斗地主》及《德州扑克》，还有现在流行的《云顶之弈》等自走棋类卡牌游戏都属于此；集换式则以《炉石传说》和《万智牌》为代表，指的是对局双方不共享卡牌池，而是在对局外组好卡组再带进对局进行战斗。

然而无论哪一种类型，都有套牌或流派。这两者的概念略微不同，究其本质是一样的，即人为地在卡池中凭借运气、策略组成一套特定的卡组，以形成更强的实力。《云顶之弈》则干脆设计了"羁绊"，由系统直接预设牌组，玩家只需要根据羁绊的规则将卡牌收集齐，便可以获得实力加成。

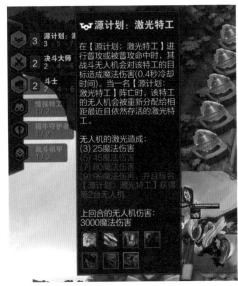

《云顶之弈》对战界面左侧，预设了可以形成的"羁绊"。

《斗地主》最小的牌是 3，3 单独出现时什么牌都压不住，但如果是 4 张 3 则可组成炸弹，也可以和 4、5、6、7 组成顺子 5 张牌一起出。《炉石传说》中的鱼人卡也是如此，单独看每张鱼人卡，都是低攻低血的小牌，然而当玩家按照技能说明把许多张鱼人卡组合在一起用到对局时，便可获得逆天的强势局面。

但《炉石传说》每回合只能抽 1 张牌，玩家不可能在开局阶段就获得所有想要的鱼人卡，同时还要想办法应对对手的出牌，因此玩家每回合需要考虑出哪张手牌应付当前场面，又要留哪张牌等待集体爆发，拆分成动作便是**抽牌—出牌—留牌—组牌**。

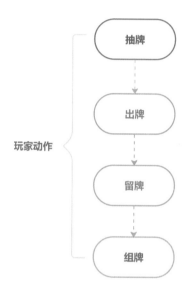

细心的读者会发现，这和麻将的动作几乎是一样的。当玩家度过了出牌和组牌期，一旦凑齐需要的卡牌后，之前每回合小心谨慎抽牌和出牌产生的压抑感，便在此时获得了爆发，这是玩家在全局游戏中最过瘾的时刻，俗称"爽点"。

受限于篇幅，我希望读者能通过前文中已经形成的游戏框架和元素，结合 MOBA 玩法，为《狂飙天神》设计套牌与爽点。

2.4.5　制作卡牌和测试

通过前文的设计，我们已经可以设计出一些简单的卡牌了，接下来的工作则比较简单，只需要将表格中的文字转化成一张张的卡牌。这些卡牌既可以是自己拿纸笔画的，也可以使用 Photoshop 或者 AI 设计并打印。然后叫上自己的三五好友，一起体验自己亲手设计的卡牌游戏，从而不断打磨、完善产品，相信读者会有很多收获及成就感！

本章带领读者体验了一次相对标准的游戏设计流程，然而这离真正将《狂飙天神》完善到可商用的地步，还有相当遥远的距离，这中间还有相当长的道路、相当复杂的细节，需要我们去学习和完善。接下来，请读者收拾心情，跟随我一起，深入游戏设计的细节中去，为成为一名真正的游戏设计师做足功课！

第 3 章

构造游戏核心

游戏的核心玩法有哪些类型？每种类型由什么构成？
设计师又该如何拆解游戏核心？

3.1 核心战斗：游戏的灵魂

　　核心战斗是决定一款游戏可玩性和生命周期的最重要部分。当我们着手设计一款竞技游戏时，核心战斗都会是最优先设计并持续专注、持续改进的部分。那么什么是核心战斗？竞技游戏的战斗流程可被切割成 3 个部分：准备战斗、战斗过程、结束战斗。

3.1.1　根据核心战斗划分游戏类型

　　针对其中的战斗过程部分，以战斗方式为依据进行划分，竞技游戏一般可分为以下 7 类。

– 即时战略游戏（Real-Time Strategy Game，RTS）

代表作：《星际争霸》系列、《魔兽争霸》系列。

–MOBA 游戏

代表作：*Dota*、《英雄联盟》《王者荣耀》等。

– 第一人称射击游戏（First-Person Shooting Game，FPS）

代表作：《反恐精英》《穿越火线》《使命召唤》等。

– 集换式卡牌

代表作：《炉石传说》《万智牌》、*SNAP*、《昆特牌》等。

– 格斗类游戏

代表作：《拳皇》系列、《街头霸王》系列等。

– 棋牌类游戏

代表作：《斗地主》等。

– 体育竞速类游戏

代表作：《极限国度》《极品飞车》《FIFA 足球世界》、*NBA 2K* 等。

　　本书主要讨论 RTS、MOBA、FPS、TCG 等游戏类型的设计方法。因为毫无疑问，以 *Dota 2*、《英雄联盟》、《王者荣耀》为代表的 MOBA 类游戏，是当今风靡全球的竞技游戏类型。MOBA 类游戏的起源最早可以追溯到 1995 年由美国西木公司（Westwood Studios）发布的《命令与征服》（*Command & Conquer*）。该作在当年一经发布，立即轰动全球，累计销售了 3500 万份，其开创的"即时战略类"游戏品类，直接影响了后世诞生的经典作品《星际争霸》系列与《魔兽争霸》系列。暴雪公司也正是因为这两款作品获得巨大成功，奠定了其长达 20 年的全球游戏巨头地位。

《命令与征服：重制版》，2020 年 6 月发售

之所以花费一定的篇幅介绍上文中的历史背景，是为了让读者知道如果不是先诞生了《命令与征服》，可能暴雪就不会想到开发《星际争霸》与《魔兽争霸》，如果没有暴雪在这两款游戏中开放地图编辑器，则很有可能不会诞生 Dota，更不会产生《英雄联盟》《王者荣耀》等 MOBA 游戏。引用百度百科"MOBA"词条中的介绍，可以更详细地了解这段历史。

当时有一位叫作 Aeon64 的玩家利用《星际争霸》的地图编辑器制作出一张名为 Aeon Of Strife 的自定义地图，这就是所有 MOBA 游戏的雏形。在这个自定义地图中，玩家可以控制一个英雄与电脑控制的敌方团队进行作战，地图有 3 条兵线，并且连接双方主基地，获胜的目标就是摧毁对方主基地。值得一提的是，这款老地图现今依然在《星际争霸 II》中保持着更新。这张星际争霸的自定义地图是 Dota 的前身，也是所有 MOBA 游戏的雏形，因此 MOBA 游戏的源头应该追溯至《星际争霸》时代的地图。《英雄联盟》出现后开始自称为类 Dota 游戏，但随后拳头游戏开始将其定义为 MOBA 游戏，MOBA 游戏的叫法开始流行。但本质上 MOBA 是从类 Dota 游戏进化而来的游戏类型，它囊括了比"类 Dota 游戏"更多的内容，甚至连 Dota 自身也开始被定义为 MOBA 了。

如果不是考究派，我们无须知道如此详细的游戏演进历史，但是由于 MOBA 是脱胎于 RTS，所以两者在玩法上，就有着"千丝万缕"的联系。

3.1.2 RTS 的核心战斗

在 MOBA 普及前，RTS 是当时最受欢迎的竞技游戏类型。RTS 游戏由建筑与兵种两大部分组成，游戏内所包含的数百种建筑与兵种统称为"游戏单位"。建筑单位的种类和类型由"种族"或"阵营"决定，兵种则通过建筑生产。因此，选择阵营—选择建筑—选择兵种，是 RTS 游戏的最核心战斗流程，玩家每一局的游戏体验，都是在不断重复这三个步骤。

一款好的 RTS 游戏，游戏单位的种类也必然是非常丰富的。例如，2015 年《星际争霸 Ⅱ：虚空之遗》中包含人、虫、神 3 个种族，其中仅人族就有 13 种建筑和 18 个兵种。如此复杂的单位系统，给玩家创造出巨大的策略施展空间。不同的时机选择不同的单位，找到可以获得战斗胜利的最佳单位组合，是促使玩家不断重复战斗的强大驱动力。

RTS的核心战斗流程

以《星际争霸》中的人族为例，当玩家选择人族进入战斗后，会得到 1 个免费的建筑单位"指挥中心（俗称主基地）"，以及 12 个免费的兵种单位"SCV（俗称农民）"。玩家使用 SCV 开采资源后，控制 SCV 去建造"兵营""坦克营""飞机场"等不同的建筑，再通过这些建筑生产"机枪兵""坦克""雷神"等不同的兵种单位，最后将不同的兵种结合玩家自己的策略组合成编队，与敌对玩家的编队交战。

如果说《星际争霸》是 RTS 类游戏竞技化的第一枪，那《魔兽争霸 3：冰封王座》（简称《魔兽争霸 3》）则让电子竞技彻底成为全球性的运动项目。与《星际争霸》相同的是，《魔兽争霸 3》也是多单位多阵营之间的博弈过程，却首次提出了"英雄"的概念，并极具创新地将"技能"加入了游戏中。兵种成为配角，英雄成为主角，玩家通过选择阵营、选择英雄、搭配兵种对战，极大地提升了 RTS 类游戏的可玩性。这也使《魔兽争霸 3》自诞生以来便成为全球爱好竞技游戏的玩家热爱的顶级产品。《魔兽争霸 3》在当时的各种电子竞技比赛中，成为百米跑之于奥运会、世界杯之于足球的压轴项目。

2023 年 2 月 13 日，官方媒体人民电竞报道，新科星际争霸 2 世界冠军李培楠（ID：Oliveira。曾用 ID：TIME）站在 2023 IEM 卡托维兹站的奖杯前，向全世界电竞爱好者以及熬夜观看直播的中国观众作出了感动人心的发言：

"其实没有什么事情是不可能的，我都拿到世界冠军了，真的没有什么事情是不可能的。"

从没有获得任何国际大赛冠军，到 2023 IEM 卡托维兹站冠军，李培楠一路将 T、Z、P 这 3 个种族的最高排名选手全部淘汰出局，最终拿到了自己的首个世界冠军。

国外星际争霸解说不禁感叹这是《星际争霸》历史上最疯狂的故事，现场的主持人甚至一度激动得不能自持，几乎失语。无论是网络直播平台的聊天区，还是身在卡托维兹的现场观众，都在高呼 Oliveira，为李培楠庆祝胜利。

当人民电竞独家连线到刚刚"圆梦"的李培楠时，他依旧表现得不敢相信："我觉得今天夺冠，说实话对我来说就是个奇迹。我说实话，到现在都不太认为是真的，我怕我明天起来，奖杯没了，因为梦醒了。"

"《星际争霸》真的改变了我的人生。如果不是《星际争霸》的话，根本没有人会认识我，我的人生可能那个时候真的就一片黑暗了。我虽然玩过很多别的游戏，但最后还是选择了《星际争霸》，可能这就是命中注定。《星际争霸》真的救了我，所以我可以一直坚持下去。"

《星际争霸》是我还在上小学时最喜爱、玩得最熟练的电子游戏，曾经我也有一个"星际冠军"的梦想，现在李培楠实现了它！

3.1.3　MOBA 的核心战斗

MOBA 虽然根植于 RTS，但随着充满才华的游戏设计师在十余年间持续推出一个又一个大大小小的迭代版本，如今 MOBA 的核心玩法与 RTS 虽有联系，但表现形式已经大相径庭。

建筑与兵种仍然是 MOBA 的游戏单位，但玩家在 MOBA 游戏中只能摧毁建筑，并不能生产建筑。单一的兵种单位也升级成拥有复杂技能的英雄单位，并且每局战斗只能选择 1 个英雄单位进入游戏。这样的做法极大地简化了 RTS 多单位控制带来的复杂操作，却保留并加强了最紧张刺激的战斗部分，同时引入非常丰富的装备系统，通过购买不同路线的装备（俗称"出装"），让每一个英雄都获得了更多的玩法。"**选择英雄—选择装备—选择技能**"是 MOBA 最主要的战斗过程，不同的英雄在不同的时机释放不同的技能，带给玩家不断重复战斗的驱动力。

进入战斗前，玩家要先选择一名英雄，由于数值与技能的巨大区别（MOBA 游戏的数值与技能会在下文中更详细讲解），导致玩家选择英雄的同时等于选择了接下来在战斗中的大致分工。《英雄联盟》提供了 160 名拥有不同技能、不同定位的英雄单位供玩家选择。例如，受到广大玩家喜爱的"暴走萝莉 金克丝"，玩家选择金克丝就等于选择了"战斗中主要伤害输出者"定位，如果选择的是"牛头酋长 阿利斯塔"，则是选择了"战斗中主要承担伤害者"定位。每选择一个英雄就等于选择一套不同的游戏策略，这样的设计丰富了游戏玩法，并让游戏的可扩充性得到加强，使游戏的生命周期可以得到最大限度的延续。

3.1.4　TCG/ 构筑式卡牌的核心战斗

牌类游戏是人类历史上最古老的竞技游戏之一。这里所指的是近 30 年来才开始流行的"集换式卡牌"游戏。集换式卡牌与构筑式卡牌的区别是卡牌池是否共享。构筑式卡牌的典型代表有《斗地主》《云顶之弈》。《斗地主》虽然也是牌类游戏，但是《斗地主》使用的永远是 54 张扑克牌，3 名玩家共享这 54 张牌；《云顶之弈》也是由 8 名玩家共享棋子池。而在集换式卡牌中，每隔一段时间，游戏设计者都会发布一系列新卡牌，玩家在卡牌池中根据自己的策略设计自己的卡组，与其他玩家的卡组对战。

因此，"在卡牌池中选择卡牌组成卡组—在卡组中随机抽牌进入手牌—从手牌中选择出牌"就成为玩家在 TCG 游戏中不断重复的策略过程。在不同的局面下选择不同的卡牌应对，直到最终获得战斗的胜利，是促使玩家一局又一局进入对战的最主要驱动力。

卡牌游戏的核心战斗流程

《炉石传说》是暴雪在 2014 年 3 月推出的一款 TCG 卡牌游戏，暴雪巧妙地将自己旗下的经典 IP《魔兽世界》的角色、职业、技能融入一张张的卡牌中。《炉石传说》包含战士、法师、牧师、潜行者、术士、德鲁伊、圣骑士、萨满祭司、猎人、恶魔猎手、死亡骑士 11 个职业，每个职业都拥有其专属卡牌，玩家需要在职业专属卡牌及公共卡牌组成的约 700 张卡牌池中设计自己的职业套牌，每个职业最多可以使用 30 张卡牌组成套牌带入战斗中（使用"雷纳索尔王子"后可增加至 40 张），每个回合系统都会从 30 张卡牌中随机抽出 1 张进入玩家的手牌，因此在留给玩家策略空间的同时，也使游戏产生了巨大的随机性。

3.1.5　FPS 的核心战斗

相较 RTS、MOBA、TCG 通过设计复杂的游戏单位带给玩家更多深度的乐趣，FPS 游戏的游戏单位就简单很多，单一的角色与各种枪支就已经构成游戏的核心战斗。由于玩家无论选择什么样的角色，其能力都完全一样，所以游戏更考验的是玩家对枪支的选择与使用技巧。

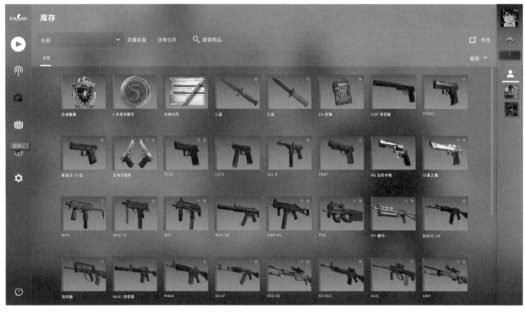

CS:GO 的武器列表

《使命召唤·战区 2》中可以安装各种配件的枪械

3.1.6　游戏的核心玩法归纳

前文介绍了目前市面上比较流行的竞技游戏类型的核心玩法。除了 FPS 游戏外，我们稍加分析就会发现 RTS、MOBA、TCG 这三类游戏的战斗过程都有一个共同的特征——玩家总是需要在一个较大集合中，通过某种机制选择一个较小集合，获得反馈后，再次重复这个过程。这句话看起来较为抽象，我们需要耐心去分析与体会，因为这是"竞技游戏"可以给玩家不断带来刺激的最重要、最核心的设计理念。

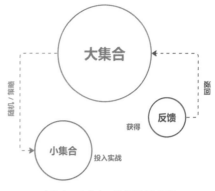

大集合—小集合—获得反馈的循环

3.1.7　游戏单位的集合

游戏单位是指游戏内可以与玩家互动的最小元素。设定 N 为游戏单位的最大集，在 N 中通过一定的条件筛选出 N_1，然后从 N_1 中通过一定的条件选择 N_2，再从 N_2 中通过一定的条件选择 N_3，不断重复这个过程，就是竞技游戏的核心战斗流程的"最高概括"（之所以将"最高概括"打上引号，是因为这是完全由我根据自己的游戏体验与游戏设计经验归纳出的抽象理论。如果读者有更好的针对竞技游戏方法论的总结与归纳，希望能与我探讨）。

从 N 到 N_x 的每次筛选，既可以是游戏设计的固定机制，也可以留给玩家决策，甚至可以是一个随机值（游戏内的随机值也分为若干种，后文会详细介绍）。如果每次筛选都是严格执行玩家做出的决策，那么游戏的策略性会极强，但这会增加操作复杂性，同时带给玩家疲劳感；如果每次筛选都是游戏设计的固定机制，那么游戏的互动性则极低，玩家的参与感会减弱；如果每次筛选都是随机值，则游戏的不确定性会很强，玩家的不安全感就会极高。

因此一个好的游戏，会在筛选过程中精心设计每一个节点的具体机制，如何将三者巧妙地搭配，是竞技游戏从业者需要悉心思考的长期课题。

3.2　游戏规则：资源、消耗与反馈

前文通过 N 到 N_x 的筛选过程归纳了大部分竞技游戏的核心战斗流程，本节将进一步深入战斗过程，介绍竞技游戏如何通过<u>生产资源—消耗资源—获得反馈</u>这 3 个重要步骤，组成一个完整的游戏规则。

3.2.1　资源

资源是推进 N 到 N_x 中各个阶段的最重要线索，是限制玩家在每个阶段进行选择的条件，是控制游戏进程的重要手段。玩家想要获得并使用游戏单位，就必须先获得生产资源。根据核心玩法的类型不同，玩家获得资源的方式一般分为以下 3 种：资源完全从游戏单位中生产，资源完全不从游戏单位中生产，两者同时存在。

资源生产方式
- ① 资源完全从游戏单位中生产
- ② 资源完全不从游戏单位中生产
- ③ 两者同时存在

RTS 游戏中的资源往往是完全从游戏单位中产生，《星际争霸》中的矿脉和气矿，《魔兽争霸》中的金矿和木材，如果玩家不主动去收集，就不会得到任何资源，也就无法生产任何游戏单位。在《炉石传说》《皇室战争》等 TCG 游戏中，水晶和圣水的获得是完全固定化的，资源通过回合或者时间直接产生，不用玩家花费任何精力去获得。而在《英雄联盟》和《王者荣耀》等 MOBA 游戏中则是两者结合的做法，金币和经验值既存在于游戏内每一个可以击杀的单位中，同时又会随着游戏时间自动获得。

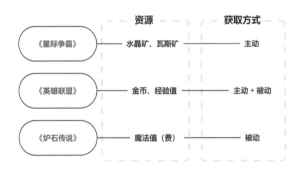

获得更多的资源意味着获得更多的选择空间，同时意味着获得更大的战斗优势，因此如何获得更多的资源本身就是玩家需要考虑的重要策略点之一。

3.2.2 消耗资源与反馈

在《王者荣耀》中，如果一个玩家的金币非常多，但是不购买任何装备，是无法赢得最后战斗胜利的。因此游戏设计者在设计 N 到 N_x 中的每个阶段时，都要给玩家足够丰富的资源消耗方式。消耗方式可以是 RTS 中的建筑单位或者兵种单位，也可以是 MOBA 中的装备与技能点，还可以是 TCG 中各种卡牌。

Dota 2 中丰富的装备

《星际争霸》人族的建筑单位与兵种单位

《云顶之弈》的棋子

经典的资源流通结构是玩家通过消耗资源生产游戏单位，使用游戏单位获得生产资源，再消耗生产资源获得更多更好的游戏单位，形成推进玩家不断重复战斗过程的正向反馈链条，俗称"滚雪球"，又称"经济运营"。

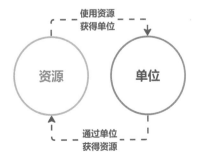

在《英雄联盟》中，游戏一开始会给每个玩家400金币，玩家花费这400金币购买"出门装"加强一定的英雄数值，再通过击杀小兵、野怪、敌方英雄，赚取更多的金币，购买更多强力的装备用于获得战斗优势。每个阶段获得的优势随着战斗的进展，就会积累成赢下战斗的关键因素。

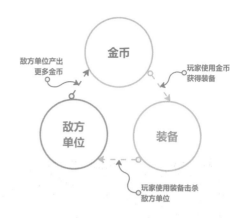

这告诉游戏设计师，设计游戏单位时必须满足不同生产资源水平的消耗。简单地说就是，游戏单位的价格需要呈现从便宜到昂贵的线性变化，这才能让玩家"逐层递进"获得游戏单位。例如，《英雄联盟》中的上百件装备，就被分割成为"基础、史诗和传说"3个大的等级，而每个等级中至少又有数十种选择，玩家不用积累太久的金币，就可以购买一定的装备，并且哪怕一个玩家的运气很差，没有击杀任何单位，他仍然可以通过积累游戏自动赠送的金币购买装备提升自己的英雄数值。

《王者荣耀》的战斗装备与《英雄联盟》的大同小异，也分为3个等级。

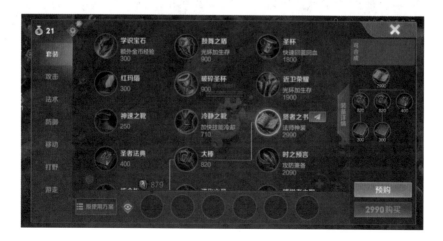

资源的生产和消耗速度是游戏设计师控制战斗节奏最有效的手段之一，也是核心战斗内最基础的数值系统之一。首先，设计游戏内资源的种类；其次，设计每种资源的获取方式；最后，设计不同游戏单位的代价。

《英雄联盟》手机版的金币积累速度非常快，玩家往往不到 1 分钟就可以获得购买不同等级装备的积累。在这样的反馈速度下，游戏节奏加快，玩家获得收集资源的反馈也更频繁。

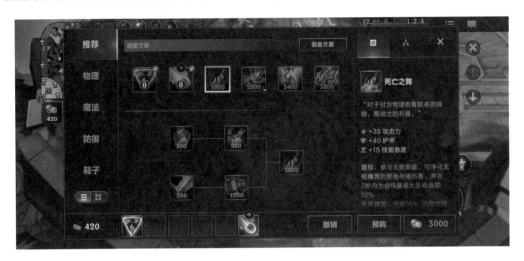

获得资源—消耗资源—获得游戏单位—通过游戏单位获得战斗结果，是一个最基础的"滚雪球模型"，其给玩家提供了至少三大策略点。同时要注意的是，不管玩家做出什么样的决策，游戏都要从机制上立即给予玩家反馈，让玩家明确地知道自己的策略是做对了还是做错了，甚至可以暗示玩家该如何调整策略。因为在竞技游戏中，玩家只能找到"相对最优解"，无法找到"绝对最优解"。

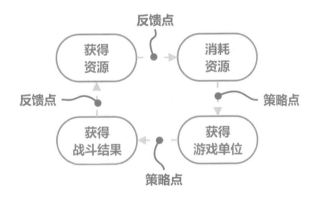

3.2.3　如何让玩家获得资源

在竞技游戏中，不管资源以怎样的形式表达，它都是绝对有限的，这样的设定才能充分保证竞技游戏在初始阶段的公平性。资源的稀缺性导致玩家必定会发生冲突来争抢资源。这样就促进了玩家之间发生冲突的可能性，让游戏变得越发刺激。

例如，《魔兽争霸 3》中的经典对战地图 Lost
Temple 中的金矿和木材储量都是有限的，尽早在资源点
附近开发自己的分矿，同时限制对手的分矿扩张，就是前
期玩家博弈的关键点。

然而在初始阶段就诱导玩家之间爆发激烈的冲突，弱
势的一方在游戏中后期如果很难追回前期的劣势，就会导
致游戏的上手门槛高、玩家受挫感强的负面反馈。例如，
众所周知，"兵线"是 MOBA 游戏中提供资源的重要单
位，特别是在战斗前期，"补兵"几乎是每个玩家获得资源的重要方式。由于市场定位不同，在
Dota、《英雄联盟》和后来的《王者荣耀》中，"补兵"变得越来越容易。

Dota 中的补兵：既可以
杀死敌方小兵最后一滴血获得
金币，也可以杀死己方小兵最
后一滴血阻止敌方英雄获得金
币。

《英雄联盟》中的补兵：
只可以杀死敌方小兵最后一滴
血获得金币，不能攻击己方小
兵，因此无法阻止敌方英雄获
得金币。

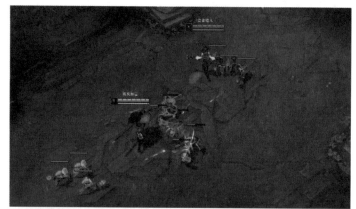

《王者荣耀》中的补兵：更加弱化了补兵资源的获取难度，不仅不能攻击己方小兵，而且玩家只要站在小兵周围，即可获得小兵 80% 的金币资源，如果在小兵最后一滴血时击杀小兵，可以获得另外的 20% 金币。这样的设计极大降低了金币资源的获取难度，缩小了长期的资源差距，促使玩家把更多的精力投入战斗本身中。

因此，从市场的整体演变来看，竞技游戏中资源的运营难度呈现一种逐渐下降的趋势。这里面最核心的问题在于游戏设计者很难完成前期与后期的资源平衡，从而导致玩家在战斗中一旦前期在资源运营上出现了劣势，那么后期就很难翻盘，因此战斗的精彩程度不足。而在《Apex 英雄》、PUBG 等 FPS 类生存类游戏中，可以看到资源运营在游戏核心机制中的占比已经逐渐降低，从而使玩家把注意力更加集中在战斗本身，这是竞技游戏的重要发展趋势。

3.3 有限随机：吸引玩家反复游戏的方法

有限制的随机是游戏能吸引玩家反复尝试的重要方法之一，它不仅带给人悬念，更带给人期待。在随机机制下，玩家永远无法准确预测下一秒会发生什么。由于随机机制的存在，玩家每次在游戏中遇到的情况都是多种多样的，这是"游戏成瘾"的关键，是激发人脑分泌多巴胺的刺激点。通过多次尝试后最终实现目标，将激活人性深处的兴奋点。就好像商场里随处可见的抓娃娃机，人们往往关心的不是投入产出比，而是无数次尝试终于抓到娃娃后那一刻的巨大兴奋感。

随机具有两种设计模式，即**真随机**与**伪随机**。这里要强调的是，本文所表达的"随机"概念，特指游戏设计内的随机，与物理现象中的随机完全不同，请读者注意区分。

为了清晰地解释真伪随机的概念，我们举个例子，假设有一间坐了 10 名同学的教室，老师在讲台上放了一个黑色外壳的盒子，盒子内有 10 个乒乓球，每个乒乓球上标记着 1~10 的不重复数字。然后老师让这 10 名同学依次来到讲台上从盒子中抽取乒乓球，抽到乒乓球上数字为 7 的同学晚上留下来打扫卫生。那么请问，每个同学抽到 7 的概率是多少？

这就是一个典型的"随机数"命题，也很容易解答，首先要区分两种情况。

第 1 种情况：每次上台的同学从盒子里抽取乒乓球后，不把乒乓球放回盒子里。

第 1 个上台的同学获得印有 7 的乒乓球的概率为 1/10，由于他已经抽取过乒乓球，并且把乒乓球拿走，此时盒子内只剩下 9 个乒乓球。

第 2 个上台的同学抽得 7 的概率为 1/9。

第 3 个上台的同学抽得 7 的概率为 1/8……依次类推。

随着上台抽取的人越来越多，只要仍然没有任何同学抽到过 7，那么第 10 个上台的同学就一定要晚上留下打扫卫生了。因为此时盒子内只剩下 1 个乒乓球，并且这个乒乓球一定印有 7，此时他抽到 7 的概率为 100%。

第 2 种情况，每次上台抽乒乓球的同学抽完后，把球放回盒子里。

第 1 个上台的同学获得印有 7 的乒乓球的概率为 1/10，由于他把抽取的乒乓球放回了盒子里，那么此时盒子内仍然有 10 个乒乓球。

因此，第 2 个上台的同学获得印有 7 的乒乓球概率仍为 1/10，依次类推。

只要前一个抽取乒乓球的同学仍然把乒乓球放回去，那么下一个来抽取的同学获得印有数字 7 的乒乓球的概率永远是 1/10。

第 2 种情况下，每一个同学在盒子前都面对相同的概率，称之为真随机；而第 1 种情况下，每一个同学在盒子前都面对不同的概率，称之为伪随机。

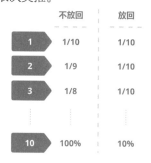

	不放回	放回
1	1/10	1/10
2	1/9	1/10
3	1/8	1/10
10	100%	10%

再举一个生活中更常见的例子来解释真伪随机的概念。我们都有过"随机播放列表中音乐"的经历，每次点击"下一首"时我们都不知道播放的是哪一首，我们会以为这是真随机的，实际上这是伪随机的经典案例。例如，用户在音乐列表中存了 10 首歌，那么每首歌被播放的概率都应该是 1/10，然而实际上，既然用户选择了随机播放模式，那么此时用户绝对不希望连续听两遍同一首歌，所以当用户点击"下一首"的按钮时，系统会把用户正在听的这首歌排除掉，只在剩下的 9 首歌曲里随机挑选一首播放。当然，现实中 QQ 音乐或者网易云音乐所使用的随机算法的复杂度都远高于我上文所表达的，但是这并不妨碍我们理解伪随机的内涵。为什么要强调"伪随机"的概念？因为绝大部分游戏设计，用到的都是伪随机模式。

例如，常见的"暴击率"的随机设计方法，假设我们希望设计一件"让普通攻击获得 20% 暴击率"的装备，在实际的开发中具体该如何执行？如果使用真随机，那么意味着每一次普通攻击都会有 20% 的概率，这样的结果是可能连续进行了 800 次普攻都没有暴击，然后在后续的攻击中进行了连续 200 次的暴击。这种结果虽然符合 20% 暴击率的要求，但明显不能满足游戏体验的需求。因此实际的设计方式是按照伪随机的思想，在一个区间内分别设计暴击的概率。

例如，第 1 次普攻时暴击率为 1%，如果发生暴击，则下一次普攻时仍为第 1 次普攻的暴击率；如果没有发生暴击，则进入第 2 次普攻。

第 2 次普攻时暴击率为 3%，如果发生暴击，则下一次普攻时仍为第 1 次普攻的暴击率；如果没有发生暴击，则进入第 3 次普攻。

第 3 次普攻时暴击率为 5%，如果发生暴击，则下一次普攻时仍为第 1 次普攻的暴击率；如果没有发生暴击，则进入第 4 次普攻……

依次类推，第 4、5、6、7、8、9 次普攻的暴击率依次是 7%、9%、10%、13%、20%、32%；

第 10 次普攻时暴击率为 100%，则必然发生暴击，下一次普攻时回到第 1 次普攻的暴击率，重新执行本循环。

此时，我们将这 10 次攻击发生暴击率的概率相加后除以攻击次数可得

（1%+3%+5%+7%+9%+10%+13%+20%+32%+100%）/10=20%

那么，每次普通攻击时，发生暴击的概率为 20%，符合设计条件，并且 10 次普攻中必然会获得 1 次暴击。这样的设计方式，避免了长期连续暴击或者长期连续不暴击的可能性。

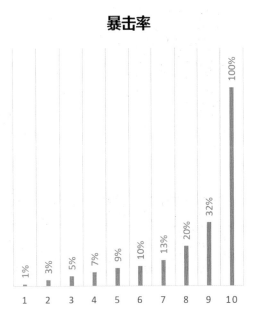

暴击率

《炉石传说》的设计团队设计了一张非常有意思的牌，就是大名鼎鼎的"尤格－萨隆"，中国的玩家又亲切地称它为"傻龙"。这张牌的功能描述是："战吼：在本局对战中，你每释放过一个法术，便随机释放一个法术（目标随机而定）。"通过文字描述，可知这张牌进行了2次随机。第一次随机，是以本局释放过法术的次数，确定即将释放的法术次数，然后在每次释放法术时，在游戏里的所有法术卡中随机释放法术；第二次随机，是每次释放法术时都会随机选择场上任何一个目标，有可能是敌方单位，也有可能是己方单位。我们总是期待把增益型法术释放给自己，而把伤害型法术丢给敌方，但是随机机制的存在，导致每次释放时的不确定性因素大幅增强。玩家会非常享受这种充满惊喜和意外的过程，所以会反复尝试。这就是竞技游戏中随机性的魅力。

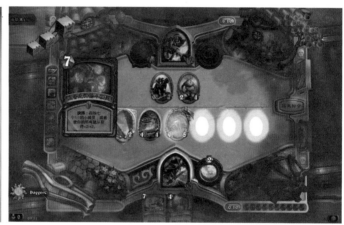

随机固然好用，但一定要在"有限"的范围内。例如，《云顶之弈》中每一次战斗后的棋子选择。《云顶之弈》2023赛季棋子数量是59个，从一费棋子到五费棋子每个阶段的数量都不同。每次战斗过后在卡牌池中随机刷新5个棋子，玩家需要随机选择棋子来组成自己的羁绊组合。

3.4 成就感与挫败感：让不同承受能力的玩家获得合适的反馈

在介绍本节内容前，我们先一起回顾一下本章前面所讲解的内容。以战斗时间为轴，竞技游戏的战斗流程可以归纳为从 N 到 N_1 直到 N_x 的若干节点，每两个节点之间的长度由资源的产出与消耗控制，节点的里程碑由固定或随机机制决定，如果把文字转换成流程图，大致如下。

在本章中，我们已经理解 N 所代表的游戏单位，学习了收集资源与消耗资源，也学习了不同的随机机制，但"获得反馈"仍然是空白。将"获得反馈"放到本章的最后讲解，是因为反馈是游戏设计中给玩家带来最直接感受的部分，是整个战斗流程的重中之重。这涉及一些高深而抽象的问题。例如，人为什么要玩游戏？游戏为什么会让人"上瘾"？这些问题的答案，从人性的本质上来说，是因为人们总是希望获得快速、直接、有效的反馈。接下来我们会深入剖析竞技游戏带给玩家的各种反馈。

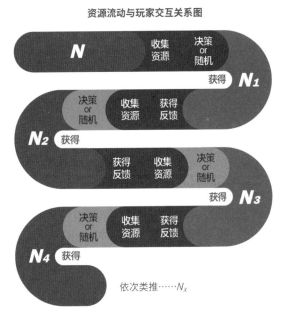

3.4.1 奖励机制

在生存得到保障的前提下，不断追求快乐，是人类自诞生之初就具备的基因。游戏带给人的生理反应源自激发人脑中"快乐素"多巴胺的分泌，从而使人感到愉悦与兴奋，其本质来源于人脑的"奖励机制"。

正是因为多巴胺与奖励机制的存在，人类获得了积极向上、乐观、自我安慰等触发各种潜在情绪的能力，才激发了超脱于温饱线的自驱力。因此，游戏设计师的工作本质，就是想尽一切办法，在道德与法律允许的范围内，尽可能通过一系列巧妙的手段，激发玩家的大脑分泌更多的多巴胺。那么，在竞技游戏的设计中，到底有哪些可以利用的手段呢？接下来，我将结合自己近十年的竞技游戏设计经验逐一为读者展开讲解让人成瘾的"五颗宝珠"。

第1颗宝珠：将一个
清晰易懂的大目标，拆
分成若干个小目标，并
使其可以量化。

制定目标并完成目标，这几乎是人类获得成就感的标准途径。在竞技游戏中，最大的目标，往往就是成为一局游戏最后的胜利者。值得注意的是，这个大目标一定要足够清晰，最好是一个单一事件。例如，在《英雄联盟》中，玩家获得胜利的条件非常简单易懂，率先摧毁对方水晶的一方，即可获得战斗胜利；在《炉石传说》中，率先把敌方英雄打没血的一方获得胜利；在《绝地求生》中，100个人中最后活下来的1个获得胜利。我们会发现可以广泛流行的竞技游戏玩法的获胜条件，都可以用短短的一句话概括，这样的设计有效并且直接，玩家不用过多理解游戏规则，即可快速定位游戏的大目标。

而大目标带给人的感觉往往都是遥不可及的，是让人望而生畏的。俗话"望山跑死马"大致也是这个道理。但是如果把这个宏大的目标拆分成一个一个易于实现的小任务，人们就会感觉轻松许多。在游戏设计中，这样的例子比比皆是，最常见的是MMORPG游戏（大型多人在线角色扮演游戏）。例如，《魔兽世界》就存在大量"击杀N只怪物"的任务，如果一开始就告诉用户，累计击杀10000只怪物，可以一次性获得1000个奖励，估计许多玩家就望而却步了。因此，《魔兽世界》中，我们看到的更多的是"累计击杀10只怪物，可以获得1个奖励"。这样的设定把一个看似不可能让人有耐心完成的任务拆分成了1000个节点，并将奖励分散在每个小节点上，玩家在进行任务的过程中，就会轻松愉快很多。

在竞技游戏中，将大目标拆分成小目标的案例屡见不鲜。例如，《英雄联盟》最后的目标是摧毁大水晶，但是大水晶前面会有若干个防御塔，那么玩家就会先把摧毁一座座防御塔设定为目标。与此同时，《英雄联盟》的装备系统也被分为了3个等级，每个低等级的装备都可以合成高等级的装备。玩家不用闷头存很久的金币，可以获得一点金币后就立即购买一些低等级的小装备。一件件的小装备组成一件中级装备，一件件的中级装备再合成一件件的高级装备，玩家在这个过程中也能清晰地感受到能力成长。

玩家往往也很容易享受这种乐趣。例如，"战斗通行证"的功能已经是各个游戏的标配，玩家只需要进行游戏就可以获得一点奖励，在赛季结束前，只要每天都能坚持，最后就一定能获得该赛季最酷炫的奖品。这种设计的原理就是让玩家感受"每天积累一点点"的成就感。这样的奖励机制可以显著提高玩家留存率。

第 2 颗宝珠：清晰告诉玩家实现目标的进度。

纵观整个游戏历史，也许没有比"血条"更伟大的发明了。血条的本质，是使游戏内的若干个小目标"进度可视化"。《英雄联盟》中的"大龙"，只要看到它的血条，玩家就可以大致了解距离杀死它还要付出多少时间和努力，是否可以在敌方赶过来前先行击杀。

在竞技游戏中还有什么能比"丝血反杀"更让人兴奋的？血条带给人期望，带给人悬念，带给人紧张与焦虑，玩家在游戏中的情绪起伏往往都和各种血条的进度息息相关，因为血条实际上就是一个"进度条"，其代表的就是玩家在游戏中完成一个个小目标的进度。让玩家清晰知道实现每一个目标的进度，特别是告诉玩家距离完成下一个目标还要多久，这反而是游戏设计中经常被忽视的环节。

除了血条之外，数字也是表达目标进度的好方法。在《绝地求生》中，屏幕的右上角始终有一个数字告诉玩家游戏中还剩多少人，这样玩家就可以随时知道自己在这一局的名次；在《炉石传说》中，敌方英雄的头像旁边始终有数字告诉玩家还要造成多少伤害才能战胜对手。只有让人们"轻易知道终点在哪里"，以及"轻易知道自己距离终点还有多远"，人们才会下意识地压抑欲望，继续付出努力，从而体会真正实现目标那一刻带来的巨大满足感。

那么关键的问题来了，为什么人们会主动选择压抑欲望呢？难道压抑欲望也会产生多巴胺？

假设一个时间轴上有 A、B、C 三个点，A 点代表目标的起点，C 点代表实现目标的终点，B 点代表玩家当前所处的位置。那么线段 AB 代表着玩家已经经历的部分，线段 BC 代表玩家即将经历的部分。

当玩家站在 B 点往 A 点看，看到自己已经完成的部分，会产生"积累带来的满足感"；而当玩家站在 B 点往 C 点看时，此时会在潜意识里产生"到达 C 点即可获得奖励"而带来的"想象的快感"，从而内心的期望值开始快速升高，处于这个期待奖励过程中的玩家大脑就会分泌更多的多巴胺鼓励他向 C 点继续努力。在玩家从 B 点到 C 点前进的过程中，大脑分泌的多巴胺仍然会给玩家带来快感，这就是人们为何会压抑欲望产生动力向目标前进的本质原因。

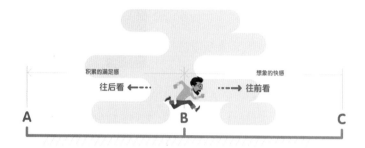

那么，在游戏中给玩家设定实现目标的反馈时就需要让玩家产生足够浓厚的兴趣，这就涉及如何在游戏中向玩家传递反馈。

第 3 颗宝珠：快速、频繁、清晰、夸张地反馈。

数字：竞技游戏中最常见的反馈就是攻击目标后，目标身上不断跳动的数字。玩家可以通过这些不断跳动的数字，清晰认识到自己对目标已经造成伤害，甚至是造成什么类型的伤害。在《英雄联盟》中，攻击目标时如果目标身上跳出的数字是白色的，则表示玩家在对目标造成"真实伤害"；红色的数字表示的是"物理伤害"；紫色的数字则代表"魔法伤害"；暴击的表现会用更加夸张的字体外加一个小图标用以加强反馈。

特效：无论是《星际争霸》中机枪兵攻击时的枪口细小火焰，还是《炉石传说》中扭曲虚空的全屏幕炫光，特效在游戏中带给玩家的震撼是毋庸置疑的。在 MOBA 游戏中，特效还起到了传达技能逻辑的功能，特别是那些复杂的技能逻辑，如果只是让玩家通过文字去理解，估计很多玩家就放弃了，但是通过惟妙惟肖的特效去表达，原本晦涩难懂的技能描述立即变得生动起来。

音效：很多游戏在对外宣传时都会用"带给你震撼的视听享受"，这表明现在的玩家不仅仅满足于视觉层面的反馈，更需要声音辅助。特别是在 FPS 类游戏中，声音已经不仅仅是给玩家反馈的工具，更是给玩家传达游戏信息的重要手段。在《绝地求生》中，由于使用了最先进的 Wwise 声音引擎，敌人的脚步声可以在空间中极其精准地呈现，玩家通过听脚步声就可以知道敌人距离自己的远近，更不用提不同枪支在战斗时不间断地带给玩家各种枪声的反馈，使游戏即使是只听声音，就已经足够让人热血沸腾。

无论是数字反馈、特效反馈还是音效反馈，都一定要给得足够快速并且精确，这样才能不断地激励玩家继续。举一个现实生活中的例子，机械键盘的受众越来越广泛，其原因就是机械键盘声音清脆，带给用户的反馈更强、更直接。关于竞技游戏中向玩家传递反馈的手段还有很多，本书的后续章节也会做更加详细的介绍。

第 4 颗宝珠：随机奖励。

无须赘言，渴望奖励是人类与生俱来的天性。前文也介绍过，要通过设计一系列的小目标，同时给玩家完成这些小目标的反馈，驱动玩家在游戏中不断前进。所谓的"随机奖励"，是指事先准备若干种奖励，在玩家完成任务时，使用算法随机给玩家一个奖励。

随机奖励给人带来的诱惑力之大，已经渗透到人们日常生活中的各个层面。例如，最常见的就是"微信红包"，每逢过年过节，各个微信群中的红包此起彼伏、络绎不绝。大部分的红包金额为 1 元至 200 元，如果只是从金额上来讲，并没有特别大的诱惑力，但是由于加入了随机奖励的机制，导致用户在每次领取红包前，期待值大幅提高，开启红包的一刹那有可能得到数十元，也有可能只有几毛钱，这种不确定的惊喜感大大强化了用户的情绪波动。如果运气很好，领到数额最多的一个红包，群里的其他小伙伴往往会纷纷表示羡慕，这又给用户增加了愉悦感。

在游戏中，随机奖励系统简直无处不在，案例也不胜枚举。《魔兽世界》每个副本 BOSS 的掉落总列表，大部分玩家在前往副本之前就已经了然于心，但这次 BOSS 具体会掉落什么，没有玩家可以准确地预测，这便激励了玩家不断地重复体验该副本。我的朋友为了获得著名的"斯坦索姆的缰绳"，在一个月里"刷"了 100 多次斯坦索姆，这就是随机奖励带给他的驱动力。

在竞技游戏中，随机奖励的机制也经常被用到。例如，《Apex 英雄》中的空投补给箱，战斗中每过一段时间，地图中的任意一处位置都有可能掉落空投补给箱，补给箱内总会有一些游戏内最高级的物资，但是也会产出一些稀松平常的东西。最关键的是，补给箱会冒出醒目的光柱，隔着几公里远都能看到，这意味着很多玩家都知道这里有补给箱，许多玩家即使冒着被其他玩家"蹲点"的生命危险也要去补给箱前一探究竟。

《魔兽世界》中斯坦索姆的缰绳

值得注意的是，随机奖励的机制固然非常吸引人，但是也正如本章前文"真随机与伪随机"中所描述的那样，如果一个游戏中的随机成分过高，会导致玩家对游戏的安全感降低。很多玩家会"怀疑自己的运气"，从而对游戏的"随机奖励"产生抵触情绪。还有一部分抱着"竞技游戏是拼游戏技术"而不应该是"拼人品"的玩家对"随机奖励"更加持怀疑态度。最著名的案例就是"暴击系统"。暴击系统也是随机奖励的经典体现，却遭到一部分"技术流玩家"的质疑，原因是暴击系统让运气成为决定胜负的因素，而不是游戏操作技术。当然，具有以上疑惑的也只是极少数的玩家，大部分玩家仍然对暴击系统非常钟爱。

总之，因为随机奖励系统的存在，实现了游戏内容的最大化重复性利用，也使游戏玩家留存率得到了很大的提高。特别是当随机奖励机制作用于游戏的付费系统时，随机奖励最耀眼的光芒才真正地绽放。关于随机奖励作用于游戏付费系统的论述，本书后续章节也会提到。

第 5 颗宝珠：协作与竞争。

竞技游戏区别于其他游戏类型的关键就在于"协作"与"竞争"，这是数百万年前原始人类开始主动群居时就已经学会的技能。正如 CCTV-5 的王牌足球节目《天下足球》的广告词所说的那样："最纯粹的足球，最高级的享受。"人与人之间互相鼓励、互相争斗不仅给游戏的参与者带来刺激，更给观看者带来享受，这也是电子竞技游戏具有一定观赏性的重要原因。

新闻中经常用"冲突与合作"描述国与国之间的关系。实际上，人与人之间的关系也可以用这 5 个字进行概括。那么竞技游戏设计师的重要工作之一，就是在游戏中设计各种各样的矛盾点促使玩家之间进行互动。

最被中国人广泛接受的棋牌游戏《斗地主》，就是一个经典案例。参与游戏的三方时而联合，时而对抗，每一局比赛既包含着竞争也包含着合作。在《斗地主》之前，无论是象棋、围棋、升级扑克牌还是桥牌，合作与竞争的参与者永远是固定的，而《斗地主》的规则完美地打破了这个传统，也许这就是这个棋牌游戏能快速流行并火遍中国的重要原因。

在竞技游戏中，因为合作而产生更多策略的案例更是数不胜数，这带来了"角色定位"的概念。不管是"战、法、牧"，还是"前排、中排、后排"，又或者"坦克、输出"，都是角色定位的体现。例如，在 MOBA 类游戏中，由于单一英雄的能力总是有限的，不可能有任何一个英雄既当远程又当近战，也不可能有任何一个英雄既当坦克又当输出。人类自古就是社会化的群居动物，通过分工合作从而达成默契，最后赢得战斗的胜利，会大大提升成就感。

例如，《Apex 英雄》讲究的是玩家通过与不同角色的配合在一张大地图中获得胜利。游戏中，选直布罗陀作为前排用以救人和扛起伤害，后排选一个恶灵和寻血猎犬，这样的阵容进可攻、退可守。如果玩家想用比较激进的打法，则可以选择直布罗陀，配艾许和探路者/地平线，这个阵容在游戏中火力全开、毫无畏惧，会给玩家带来更加刺激的游戏体验。

而团队合作的竞技模式能吸引更多人参与，还有另外一个更深层次的原因，就是"激化矛盾"。从社会学的角度来分析，大致包含两个层面的含义：分担压力、传递压力。

所谓分担压力，是指游戏中由于战斗的各方都是真人参与，会导致战斗过程中的压力被放大数倍，假设只是由一名玩家独自面对，该玩家可能根本无法承受，从心理上就会无比恐惧。但在合作模式下，由于每名玩家只用处理好自己眼前的事情，所以压力被分担，处在团队中的玩家也因此会产生一定的安全感。

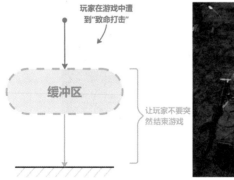

在《绝地求生》中，如果在多人组队的模式下，玩家被击杀之后，并不会立即死亡，而是会进入只能爬行的"击倒"状态，可以被没有被击倒的队友救起。这个设定让玩家在组队战斗时互相扶持，互相合作，同时在玩家"立即死亡"前产生了一个缓冲区，团队不会立即减员，玩家不会立即死亡，增进团队合作的同时，降低了玩家的挫败感。

《使命召唤：战区 2》中被击倒的小队成员不仅能被队友救起，第一次被击杀后还会进入"监狱"，与其他对手展开 1v1 或者 2v2 的对抗，在监狱中存活下来的玩家便可返回战斗。《Apex 英雄》中虽然没有监狱，但玩家被击杀后可在一段时间内被队友复活。这些给玩家两次机会，甚至 3 次机会的设计，提高了所有玩家的参与度，减少了玩家的挫败感。

比起分担压力，传递压力则完全处于另外一种情况。当处于团队中的玩家在战斗中受挫，由于大部分人的本性是"推卸责任"，而不是"承担责任"，所以玩家可以把受挫的原因怪罪于团队的其他成员，从而减小自己的心理负担。注意，此处一定要以游戏设计者的角度来看待这个问题，不要想当然地认为"推卸责任"是"人类的劣根性"。"推卸责任"是大部分人获得安全感的重要行为，没有对与错之分。每个人都会有负面情绪，竞技游戏作为一个承载社交化功能的载体，也理应承担人们的负面情绪。我们作为游戏设计师，要在游戏中尽可能地使用游戏机制疏导玩家的负面情绪，但不要妄图根治。例如，《守望先锋》中，处于同一阵营的合作方根本无法看到其他玩家的战斗数据，还可以随时在出生点切换英雄，甚至可以在战斗中随时离开而不会过分影响战斗的平衡性。这些都是暴雪为了疏导人们的负面情绪而设计的机制，只是即使如此，《守望先锋》仍然会多多少少地存在团队中队员"互相抱怨"的负面情况。

竞技游戏中一个又一个的冲突点，正是竞技游戏的魅力所在。

通常来说，竞技游戏中的冲突点主要有以下几个。

争夺有限资源：游戏资源一定是相对有限的，玩家为了扩大自己在游戏中的优势，必然想尽一切办法抢夺资源。例如，*Dota 2* 中的野怪肉山，击杀肉山的队伍可获得"不朽之守护"，获得该守护的英雄在死亡后 5 秒内满血满魔复活，获得如此强力的装备，会在接下来的团战中获得巨大的优势。因此，每当肉山在地图中刷新时，双方玩家都会蠢蠢欲动、摩拳擦掌。

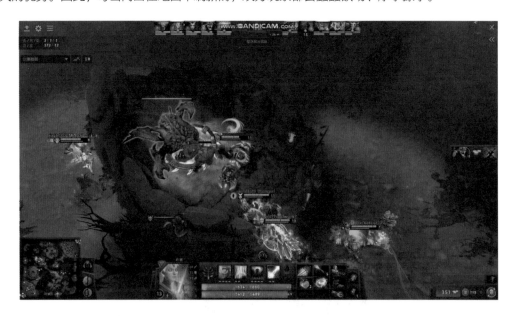

同样，我们可以把战斗内的数据排行榜或者"全场最佳（Most Valuable Player,

MVP）"之类的"炫耀机会"也当作稀缺资源，这是满足玩家虚荣心的有力武器。例如，《守望先锋》在战斗结束时的"全场最佳"，会以全场战斗中击杀最多、为全队提供最多治疗、承担伤害最多等为评价依据，只要玩家的表现足够优秀，就可以获得多数人的认同。玩家进行一场对局却可以获得多次正面反馈，会保持玩家的游戏热情。

争夺有利位置：在《绝地求生》中，由于地图中的安全区不停地缩小，在越来越小的安全区中找到一个易守难攻的建筑点，是能否走到游戏最后的关键，因此才会爆发"守楼"与"攻楼"战，为了守住或者攻下一栋有利建筑，战斗双方经常打得人仰马翻、不可开交。

争夺游戏的连贯性：玩家在为了大目标而去实现一连串小目标的过程中，最不愉快的事情就是被其他玩家打断。例如，《英雄联盟》中的"第一滴血"（First Blood）、"双杀"（Double Kill）、"三杀"（Triple Kill）、"四杀"（Quadruple Kill）、"五杀"（Penta Kill）、"超神"等，就是鼓励玩家持续在战斗中努力展示自己游戏技巧的最好反馈。《英雄联盟》的运营方腾讯深谙此道，所以 TGP 助手（腾讯游戏平台）自带"精彩时刻"的功能。TGP 助手会自动帮助玩家把值得炫耀的精彩时刻截图，玩家也就可以将这些截图发到自己的社交平台炫耀。这些手段，都是在竞争中获胜后获得的强大反馈。

3.4.2 挫败感

反馈就像一枚硬币，给获得胜利的玩家强大的成就感只是硬币的一面，而作为游戏设计师，我们还要考虑硬币的另一面——如何减小失败玩家的挫败感，这也是大量的竞技游戏没有考虑到，或者没有做好的事情。

只要有竞争，就会有赢家和输家。我们有很多办法让赢家获得积极的反馈，但当一名玩家在游戏中被杀死、被抢夺资源、被抢夺有利位置时，如何降低输家的挫败感，甚至将挫败感化为激励这些玩家继续努力游戏的动力，是大量竞技游戏设计师都在想办法解决，同时也很难解决的重要问题。

以我对竞技游戏行业长达 20 年的观察，竞技游戏设计师通常利用以下方法尝试解决该问题。

① 减少玩家在游戏中需要同时处理的信息量

当一个人需要同时处理过多信息的时候，往往会手忙脚乱、顾此失彼，此时胜利方就会有"智商碾压"的感觉，而失败方则有巨大的挫败感，对自己的失败非常懊悔，同时还无处宣泄，会对游戏产生畏惧心理，从而敬而远之。

而从《星际争霸》到《魔兽争霸》，从《澄海 3C》到 Dota，再从《英雄联盟》到《守望先锋》，在竞技游戏长达 20 年的发展过程中，我们不难发现这样一个趋势：<u>游戏单位正在逐渐减少，玩家需要同时处理的信息量也同时在弱化</u>，玩家不需要掌握过多的信息量，就可以轻松上手游戏，从而快速减少从"新手"到"老鸟"的时间。

手机游戏 Brawl Stars（《荒野乱斗》）则把 MOBA 类游戏的复杂度再次降低，采用 3v3 模式，每个英雄只有 1 个普通攻击和 1 个技能，尽可能地压缩游戏内的单位数量，减少玩家需要同时获得的信息量，用最小的容量创造出较高的可玩性。

② 缩小胜利方和失败方的收益差距

竞技游戏中胜利方理应获得奖励，但失败方是否一定要接受惩罚？这是一个值得商榷的话题。竞技游戏应考虑玩家在一局中长期的总体收益和损失。如果仅仅因为一个小目标点的失利就给玩家过高的惩罚，会导致战斗内的平衡过早地被打破，从而使比赛进入"垃圾时间"。

《守望先锋》甚至连等级系统都直接砍掉，彻底摒弃了战斗内英雄的数值成长，仅仅保留了大招的冷却时长，同时缩短了玩家在战斗内死亡后等待复活的时间，甚至可以复活后在出生点重新选择英雄。对传统 MOBA 的机制进行大幅度的调整，足以见暴雪对降低玩家在战斗中挫败感的重视程度。

③ 详细告知玩家战斗中失利的原因

比起战斗内死亡，更让玩家产生严重挫败感的是战斗内"突然死亡"，用玩家的话来说就是"死都不知道怎么死的"。在《绝地求生》中，玩家经常会说一个很有趣的梗："我是谁？我在哪儿？我怎么死的？"

因此，为了告知玩家战斗中的失利原因，Dota 2 和《英雄联盟》都提供了查看死亡过程的详细数据，而《守望先锋》《Apex 英雄》和 CS:GO 等 FPS 类游戏，甚至提供了即时的"死亡回放"功能，玩家可以在回放中清晰地观察自己的死亡过程。一部分追求技术进步的玩家，就可以通过详细分析每一次的死亡过程，学习如何避免下次重复犯同样的错误。

④ 化"转移压力"为"分担压力"

所谓的"化转移压力为分担压力"，意思是从游戏机制上尽可能减少玩家之间互相埋怨的机会，也就是减少每一次失利中玩家互相找"背锅侠"的可能性。这意味着游戏机制内必须弱化只要团队中有一名玩家失利就会对战斗局势带来不可逆转的影响。

同时，游戏在匹配机制上也要做足功夫，尽可能地让参与比赛的所有玩家的实力接近。如果一局战斗中有一个玩家明显弱于其他玩家，那么队伍中的其他玩家往往就会把所有失利都怪罪于这个玩家。此时该玩家的受挫感会达到极致，这对玩家的内心伤害是巨大的，以此引发的争吵和互相指责会在游戏内不停地循环，从而对游戏环境造成极大的破坏。同时，也要在数据统计上隐藏弱势玩家，没有人愿意把自己的不足毫无保留地展现给其他玩家。

⑤给玩家快速重新开始的机会

化解坏心情最好的方法是立即去做可以让自己获得好心情的事情。同样，如果玩家在游戏中感受到受挫感后，游戏能从机制上立即给玩家带来新的成就感，这样的设定反而可以让玩家对游戏更加印象深刻。这里涉及了"匹配算法"，如今的竞技游戏在进行每一局的战斗匹配时，都会尽可能地让玩家的期望胜率保持在 50% 左右，但这并不是"赢一场后输一场"这么简单，要给失利的玩家一种"一会儿我就能赢回来"的心理暗示。

例如，当一名玩家在游戏中体验到了 3 连败，即使给他匹配比他实力弱很多的对手，他仍然无法获得胜利。此时作为游戏设计师，一定要怀着"无论如何都要将玩家留在游戏中"的心态来考虑问题。因此，在很多轻度的手机竞技游戏中，为了快速把玩家从连续失败的阴影中"拯救"出来，往往会给这部分玩家安排"机器人"。机器人在游戏中存在的意义除了练习，还起到让玩家"获得心理慰藉"的作用。玩家在以机器人作为对手的战斗中大杀四方、畅快淋漓，多多少少能让他们的心情由阴转晴。希望有志于做竞技游戏设计师的读者注意，在对局中设置机器人并不存在任何"游戏道德"的问题，毕竟能拥有广泛的玩家基础，是任何一款竞技游戏成功的关键因素。

3.5 核心玩法中的成长线设计

除了通过随机性让游戏结果充满不确定性以外，一款完整的竞技游戏的核心玩法中还要或多或少包含一条或 N 条成长线，以确保玩家在游戏中能获得足够的积累反馈。如果一款游戏的成长线设计得足够好，其重复可玩性将大大加强。这就好比《超级玛丽奥》中，吃掉蘑菇会变大，吃掉向日葵可以发射子弹一样，这都是玩法中的成长模式带给玩家的乐趣。如果正在阅读本书的读者已经设计出了一个游戏玩法，请务必回过头检查一下自己的玩法中有没有成长线的设计，如果还没有，就思考一下如何补充。接下来我将通过分析当前主流的游戏，梳理并归纳其中的成长线设计。

竞技游戏的成长线一般分为 4 种类型，分别是**资源积累、势力扩张、实力提升、蓄势待发**。这些成长线被普遍用于各种游戏类型中，并不是某种特定游戏类型的专属。

3.5.1 资源积累

RTS游戏中的资源开采、MOBA游戏中的金币和经验值积累，甚至《球球大作战》中的吃豆子，都是资源积累的过程。

例如，《星际争霸》中无论什么段位的玩家在每一局开始时都必须立即控制农民挖掘水晶，然后在对局早期就开采气矿，因为只有拥有了这些资源，玩家才能建造建筑生产对战单位。在前文中已经讲述过通过资源控制游戏单位生产对于 N 到 N_x 的意义，然而实际上玩家通过调动农民挖掘水晶、开采气矿的行为本身就在一条成长线上。即使玩家什么都不做，仅仅看着这条成长线不断成长，本身就有成瘾性，最著名的案例莫过于以《点杀泰坦》系列为代表的"挂机"类游戏。有些玩家无法理解这种几乎毫无交互的挂机类游戏有什么可玩性。实际上"资源积累"只需要进行一点改造，本身就可以成为一种挺有趣的玩法。试想一下，晚上睡觉前点几个按钮，睡一觉醒来游戏中就多了许多金币或者宝石，这确实能给许多人带来"满满的成就感"。

然而竞技游戏是不太可能让玩家不劳而获的，否则博弈论在竞技游戏中就失去了意义。例如，《英雄联盟》中补兵和消灭敌方单位都可以获得一定数量的金币，金币可以拿来购买装备。实际

上装备的积累过程本身就同时具备反馈和成长两个机制，是非常经典的设计。玩家会不时地关注自己补了多少兵、得了多少金币。金币的增加过程同样给玩家带来了资源积累的乐趣，玩家在期盼着存够金币购买装备的同时不停地参与游戏。虽然《王者荣耀》中取消了补刀的设计，但是并没有取消金币积累的设计。这绝对是非常明智的选择。

《云顶之奕》中每次战斗过后都会给玩家 5 个金币，通过胜利或失败累计利息，通过积累金币来升级或者购买小小的棋子，玩家的战斗力就会大大提升。

资源积累是相当古老的成瘾性机制，有些特定人群对资源积累的渴望达到了"病态"的地步，这就是所谓的"囤积症"，本书就不展开分析了，有兴趣的读者可以查阅相关资料了解。类似的案例还有很多，请读者自行在其他竞技游戏中发现并总结。

3.5.2 势力扩张

RTS 游戏中的分基地、SLG（策略游戏）中的地盘扩大都会给玩家带来相当程度的满足感。

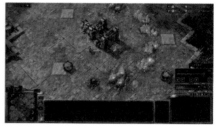

通过自己的努力不断扩大势力范围，仿佛是人类与生俱来的爱好，因此势力扩张给人们带来正向反馈也是一个非常古老的游戏设计机制。最著名的例子莫过于规则简单但实际上异常深奥的围棋，对局双方使用黑白两子在方寸间你来我往抢占更多地域。

PC 端的 RTS 游戏远比围棋的游戏机制复杂，但给玩家在势力扩张上的正向反馈非常相似。《星际争霸》的玩家就是或通过稳扎稳打、或通过暗度陈仓，在地图中建造分基地来抢占资源而获得优势，早先的《红色警报》和《帝国时代》都无一例外地突出了这个核心乐趣。

虽然不是标准的竞技游戏，但以《文明》系列为代表的 SLG 游戏是势力扩张这种成长线的典范。玩家在游戏中的所有策略都是为了最后能使自己的颜色充满大陆上的所有角落。虽然 SLG 的游戏节奏普遍较慢，但"日拱一卒"的渐进式成长能使玩家疯狂着迷，"寸土必争"说的就是这个意思。

如果你希望让势力扩张带来的正向反馈更为快速，那也没关系。近些年来非常流行的"填色"游戏利用的心理机制也有类似的特征，只不过填色游戏是单人进行的。当想要利用势力扩张做多人竞技游戏时，《喷射战士》就交出了完美的答卷。这款基于任天堂 Switch 开发的游戏目前已经推出了 3 代，玩家通过控制各种可爱的小朋友形象在第三人称视角下使用各种武器喷射涂料，当踩在由己方颜色覆盖的场地上时，就能给自己的角色加血；然而一旦踩到了敌方颜色上，就会不停地扣血。这款将射击、动作完美结合的游戏一经推出就获得了巨大的成功，《喷射战士 3》推出的第一个月在日本就获得了 400 万份的惊人销量。这也使《喷射战士》的核心玩法成为多人实时竞技中以势力扩张为主要成长乐趣的经典案例。

3.5.3　实力提升

积累经验，收集装备，是所有角色扮演类游戏的"标配"，人们仿佛总是对这种玩法的游戏乐此不疲。如果一款需要玩家控制角色而行动的游戏失去了这两个元素，玩家就会觉得这款游戏不完整。在类似《王者荣耀》的 MOBA 游戏中，每个英雄在战斗内的等级提升都是至关重要的。因为每升一级，英雄的属性就会稍微提升一些，而有些决定战斗胜负的时刻往往就在毫厘之间。因此玩家会迫不及待地想要快速提升自己的等级，于是在整场战斗中马不停蹄地补兵、"打野"，丝毫不敢耽误哪怕一秒钟的升级时间，就是为了能比对手早一些提升到更高的等级。

虽然 MOBA 游戏中也有收集装备，**但收集装备最典型的案例当属《绝地求生》**。玩家们在游戏中一遍又一遍地重复爬楼和开门的动作，就是为了能给自己在进入战斗状态前凑齐一身好装备：子弹总是希望能再多一点，急救包能多拿一个是一个，头盔和防弹衣至少得是 2 级以上的，而止痛药和饮料，则是希望越多越好，哪怕下一秒就被击杀，这一秒也要多装一些。对于整场战斗来说，收集装备是唯一贯穿始终的成长线，因此《绝地求生》在随机性的基础上将收集装备的成长线发挥得淋漓尽致。

《堡垒之夜》中搜寻装备界面

《战区 2》中为了"满配 M4"需要收集各种配件

3.5.4　蓄势待发

无论是 MOBA 中的技能 CD、卡牌游戏中的积累套牌，还是赛车游戏中的氮气和大招充能，都是蓄势待发成长线的表现方式。

技能 CD 起到的主要作用是限制玩家在战斗中使用技能的次数，而释放技能又是 MOBA 游戏中相对爽快的时刻，特别是释放大招时的那种兴奋感。因此，技能 CD 的倒计时，也可以以成长线的概念来理解，这是一种通过时间积累的过程。在某些关键时刻，玩家会紧盯着技能 CD 的倒计时，焦灼等待着倒计时的结束，在完成技能冷却的一刹那，释放出技能置敌人于死地。还记得前面章节中提到的"等待奖励的过程同样可以分泌多巴胺"吗？同样，在等待技能CD结束的过程中，玩家同样能产生兴奋感，此时的兴奋值甚至在某些时候比释放技能本身还要高。

除了技能CD倒计时，MOBA游戏中的技能搭配也是成长线之一，玩家通过积累经验值提升英雄等级，再通过英雄等级解锁技能，这是成长线之间的相互作用。读者最熟悉的例子应该是《英雄联盟》中著名的英雄亚索，当英雄等级为1级时，玩家只能在Q、W、E技能中选择一个进行解锁，当等级为2级时就可以解锁两个技能。也许是为了突出亚索这个英雄的连招，设计师为亚索设计了EQ二连，就是当对目标使用E技能的同时释放Q技能，亚索会释放一个新的招式。当亚索的等级达到6级时就可以开启大招，而大招又必须和Q技能结合。这一连串的技能配合成长线，使玩家对英雄每次升级都会有所期待，并且每次期待都不会落空，也许正是亚索如此受欢迎的重要原因之一。

讲到通过渐进式解锁获得更多的游戏可玩性，最具有代表性的当属竞技卡牌类游戏。"套牌"是竞技卡牌中的代表性玩法。例如，《炉石传说》玩家需要在上千张卡牌中组成自己喜爱的30张套牌，然后在战斗中尽量攒齐让敌人无解的核心套牌，从而为自己赢得最终的胜利建立优势。例如，法师里目前很强势的卡组"火妖法"，当玩家精心挑选了30张卡牌进入战斗后，需要先通过对手的职业判断对手的大致套牌，在摸清对手的出牌思路后，一边使用单卡和对手周旋，一边逐渐将火妖法的关键卡"火妖"同其他低费法术卡在手牌中攒齐，直到时机合适时将核心卡组一起出场，造成爆发式的伤害。而这个不断周旋、不断凑卡的战斗过程，正是"蓄势待发"的成长线在卡牌游戏中的体现。

比起一张张的"攒牌"，《极品飞车》中的"氮气系统"和《守望先锋》中的大招在"蓄势"中就简单许多。当玩家通过时间积累或者操作后，就能在瞬间爆发出极为猛烈的效果。而玩家在蓄能过程中产生的期待感，就是"蓄势待发"成长线的特殊魅力。

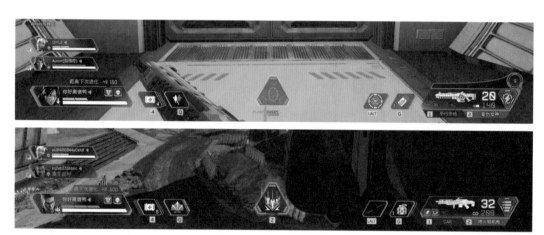

《Apex 英雄》的大招充能

第 4 章

技能
设计

在"英雄＋技能"通过 *WAR3* 传播全球之后的几十年间，
技能系统成为使竞技游戏产生丰富多彩玩法的最重要基石。本章将深入介绍技能设计的
基础知识，并对当前的主流技能类型进行归纳。

4.1　动作的基础

在上一章中，我们学习了设计核心玩法的基础要素，这足以使初学者认识并设计出竞技游戏玩法的基本框架，但只有框架并不能真正建成楼宇。广义上形形色色的技能表现及其背后的缜密逻辑，则赋予游戏中各个单位与玩家互动的基础，是让竞技游戏充满生命力的血肉。

一般一个单位的攻击动作可以拆分成**前摇**、**施法**、**后摇** 3 个阶段。接下来我们以《英雄联盟》中"疾风剑豪 亚索"的一次普通攻击为例进行拆分。

前摇：又名"抬手动作"，是指英雄抬起手准备进行攻击的动作，比如亚索从刀鞘中拔出武士刀。

亚索拔刀——前摇

施法：造成伤害或者产生效果，可能是一瞬间，也有可能是一个过程，比如亚索的武士刀碰到敌人。

刀触碰到野怪瞬间——施法

后摇：收手动作，指英雄完成施法收回武器的动作，比如亚索的武士刀从空中收回刀鞘。

刀划过野怪，亚索保持姿势——后摇

我们将以上3个阶段线性地统一起来，就会明白"攻击间隔"是指一次攻击动作完成的总时间。在这个时间内，英雄不能再次进行普通攻击，只能进行移动或者释放技能。注意，攻击间隔并不等于前摇时间 + 施法时间 + 后摇时间，往往会大于这三者相加的总时间，下面的示意图可能表现得更加直观一些。

在 MOBA 游戏中，每次攻击都由这个循环组成，手游 MOBA 与端游 MOBA 的区别在于端游 MOBA 的前摇可以通过键盘上的 S 键立即取消，而手游 MOBA 中为了简化操作，一次攻击一旦进入前摇动作，则无法通过任何方式主动断断前摇。而无论是手游还是端游，MOBA 游戏中的后摇都可以通过对英雄释放移动指令进行打断，这个机制是从《星际争霸》和 WAR3 就沿袭下来的。因此很多玩家利用这个机制，练习出了"走砍"的操作方式。"走砍"又称为"放风筝"，是指当英雄对目标进行攻击时，等到施法动作完成即将进入后摇动作的一刹那，立即控制英雄进行移动，等到攻击间隔结束后，再次选择目标进行攻击，并不断地重复这个动作，就可以实现"放风筝"的效果。

我最早获得"放风筝"的快感，就是在《星际争霸》中使用"喷火车"风筝虫族"小狗"，由于小狗是近战攻击，而喷火车是远程攻击，同时喷火车的移动速度又极其迅速，因此喷火车可以在小狗无法近身的情况下杀死小狗，这种操作当时还被玩家戏称为"遛狗"。

在《英雄联盟》中，ADC 英雄（指伤害输出核心英雄）获得放风筝的快感是最容易的，在通过装备获得攻击速度的加成后，ADC 英雄可以通过走位攻击的方式来攻击敌方英雄，称之为"走A"或"放风筝"。深渊巨口是《英雄联盟》中典型的走 A 流 ADC。深渊巨口可以通过技能与装备的加成获得超快的攻击速度，达成风筝敌方的目的。

"放风筝"不仅仅存在于竞技游戏中，只要是远程类单位，移动速度不是特别缓慢的，都可以获得这种操作带来的乐趣。而这种乐趣，也正是攻击间隔这种流程所赋予的。

攻击速度：1 秒内可以有几次攻击间隔，具体公式如下。

$$攻击速度 = \frac{1}{攻击间隔}$$

需要注意的是，上图的流程是 MOBA 游戏中最重要的基础流程，MOBA 游戏中各种单位的行为，皆以此流程为基础。请认真理解该流程，它是我们接下来学习技能设计的基本要求。

4.2 技能逻辑：剥开表现看逻辑

技能的完整释放流程：施法条件—指定目标—作用对象—技能效果。

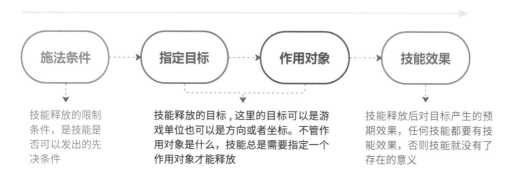

以上的讲解较为抽象，接下来举个例子来加以解释。

很多玩家不喜欢看技能描述，玩家投入注意力读懂一段技能描述，远不如在游戏中真刀真枪地实际操作几次的理解效果更好。而我们作为游戏设计师，则必须认真读懂并深刻理解技能描述，正如一箭双雕的技能描述中——先忽略数字部分，因为数值体系不在本章的讨论范围内——如果从技能释放流程角度来分析，可以将该技能描述拆分如下。

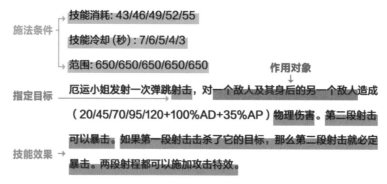

施法条件：冷却和消耗，这两个条件必须同时满足，技能才能进入随时可以释放的"待命"状态。所谓冷却值，就是玩家常说的 CD，是英文 Cool Down 的缩写。消耗是指释放该技能所需要的魔法值或者能量值等。而这只是技能描述告诉我们的，技能描述没有告诉我们的隐性施法条件还有一个是"角色必须为静止不动"的状态，意思是厄运小姐释放该技能时必须站立，不可在移动中释放，所以当玩家在英雄移动时释放该技能，英雄一定会停止移动，然后再进入前摇，这是先决条件之一。

　　指定目标：技能描述中的关键词"射击"，指明了这是一个方向型的技能，意味着不需要特定目标，只需指定方向即可释放。

　　作用对象：技能描述中的关键信息"一个敌人及其身后的另一个敌人"，说明该技能可以对游戏中所有可攻击的单位释放，比如敌方英雄或者野怪，但对己方英雄及其他单位无效。

　　技能效果：关键词"物理伤害"与"暴击"，指该技能会对敌人造成"物理伤害"，第二段射击如果能触碰到作用对象，则会造成"暴击"。因此，这是一个带有两种技能效果的"复合型技能"，而 MOBA 游戏中，大量的技能都是复合型技能。

　　再以近战英雄"剑姬 菲奥娜"为例，充分理解这些看似简单却非常重要的技能设计常识。

破空斩　快捷键：Q

技能消耗：20/25/30/35/40
技能冷却(秒)：13/11.25/9.5/7.75/6
范围：400/400/400/400/400

菲奥娜向一个方向进行突刺并刺击相距最近的敌人、守卫或建筑物，造成(70/80/90/100/110+90% 额外攻击力)物理伤害。这次打击会优先攻击破绽和将被此打击击杀的单位。如果菲奥娜命中了一个敌人，那么这个技能的冷却时间就会缩短50%。这次打击会施加攻击特效。

施法条件
→ 技能消耗: 20/25/30/35/40
→ 技能冷却(秒)：13/11.25/9.5/7.75/6
→ 范围: 400/400/400/400/400

　　　　　　作用对象　　　　　　　　　　　　**作用对象**
　　　　　　　↓　　　　　　　　　　　　　　　　　↓
菲奥娜向一个方向进行突刺并刺击相距最近的敌人、守卫或建筑物，

　　　　　　　　　技能效果①
　　　　　　　　　　　↓
造成(70/80/90/100/110+90% 额外攻击力)物理伤害。这次打击会优

先攻击破绽和将被此打击击杀的单位。如果菲奥娜命中了一个敌人，

　　　　　　　技能效果②
　　　　　　　　　↓
那么这个技能的冷却时间就会缩短50%。这次打击会施加攻击特效。

4.3　施法条件、指定目标与作用对象等

4.3.1　施法条件

当今的 MOBA 游戏中，类似"冷却值"和"魔法值"的施法条件有很多，大致分为如下几类：**魔法值、能量值、怒气值、命中条件、充能叠加、其他条件**。

1. 魔法值

俗称"蓝量"，MOBA 游戏中大量的英雄使用魔法值来控制技能消耗，最著名的耗蓝英雄

是 *Dota* 中的"风暴之灵"，俗称"蓝猫"。该英雄的第 4 个技能"球状闪电"是其标志性技能之一，技能描述为"风暴之灵被闪电包裹起来，丢弃其物理形态以进行超速移动，直到其魔法耗尽或达到目标……"这意味当蓝猫使用该技能超速移动时，其移动距离直接和魔法值挂钩，魔法值越多则超速移动的距离就越远。

2. 能量值

能量值不同于魔法值和生命值，它自始至终都是一个固定的数值，并根据时间等比例回复。例如，《英雄联盟》中的"离群之刺 阿卡丽"，她的 W 技能就是释放了之后能增加能量值上限并且回复能量值，她的基本技能释放都依赖于能量值。

我流奥义！霆阵　　快捷键：W

技消耗：0/0/0/0/0
技冷却(秒)：20
范围：350/350/350/350/350

阿卡丽扔出一颗烟雾弹，来释放一团在 5/5.5/6/6.5/7 秒里不断扩散的烟雾并为她自身提供在 2 秒里不断衰减的 30%/35%/40%/45%/50% 移动速度。在烟雾弹处于激活状态期间，阿卡丽的最大能量值提升100。在处于烟雾之中时，阿卡丽会隐形。

3. 怒气值

不同于能量值的自动获得，怒气值一般会以命中作为判断而增长。例如，《英雄联盟》中的荒漠屠夫雷克顿，他的怒气值来源于他的普通攻击命中敌人，而怒气值可以强化雷克顿本身的基础技能。玩家想精通雷克顿玩法的话，得精通控制他的怒气值。

怒之领域　　被动技能

雷克顿每次攻击获得5怒气。在50怒气以上时他的下一个技能会花费怒气以获得强化。怒气会在脱离战斗后衰减。在低于50%生命值时雷克顿获得50%怒气提升。

4. 命中条件

有些技能是需要命中目标后才能产生效果的。这看起来是一句废话，但是当我们把技能逻辑仔细拆解后，就会发现这其实是触发技能效果的另外一个必要条件。例如，《英雄联盟》中的诺克萨斯统领斯维因（也被玩家称为"乌鸦"）的 E 技能"永不复行"的释放有 2 段，第 2 段把敌方拉回来的前提就是第 1 段技能必须命中敌方。

《英雄联盟》中"疾风剑豪 亚索"标志性大招"狂风绝息斩"释放前提就是敌方目标已经被击飞在半空，玩家才能释放该技能。该技能被激活的时间窗口非常短暂，因此稍有疏忽就会错过机会，但只要把握住时机释放成功,酷炫的技能表现和夸张的伤害效果,往往会令玩家兴奋不已。

5. 充能叠加

将玩家的某些行为如移动、攻击的数值积累到一定的标准作为某技能的释放条件，是让玩家获得一定"成就感"的方法之一。《英雄联盟》中的"沙漠玫瑰 莎弥拉"是一位典型的需要充能才能释放终极技能的英雄，通过技能和普通攻击的命中，在充能达到 S 级时才能释放她的终极技能。

6. 其他条件

除上述 5 条之外，还有很多零散且少见的释放条件。例如，《英雄联盟》得更换子弹才能继续普通攻击的释放条件——戏命师。

刀锋之影的 E 技能只能依赖地形才能得到释放。

沙漠皇帝阿兹尔全部依赖于他的 W 技能召唤沙兵。

沙漠玫瑰 莎弥拉

悍勇本色 　　　　　　被动技能

莎弥拉可通过用不同的技能或攻击对敌方英雄造成伤害来构建一次连招。每个与前一个不同的技能或攻击都会提升她的评价等级，从E到S(共6级)。每个评级会为莎弥拉提供于等级1/6/11/16时，和每层1/2/3/4%移动速度。莎弥拉在近战距离的攻击和技能会造成额外的(2~19基于等级+3.5%AD)魔法伤害，伤害会基于目标的已损失生命值至多提升至"4~38基于等级+7%AD"。莎弥拉对被定身的敌人打出的攻击会使她突进到她的攻击距离处。如果敌人已被击飞，那么她还会使其保持击飞状态至少0.5秒。莎弥拉的冲刺距离为"650~950基于等级"码。

沙漠皇帝 阿兹尔

沙兵现身 　　　　　　快捷键: W

技能消耗: 40/40/40/40/40
技能冷却(秒): 1.5
范围: 500/500/500/500/500

被动: 阿兹尔获得15%/ 25%/ 35%45%/ 55%攻击速度。当阿兹尔拥有3个或更多黄沙士兵时他会额外获得15%/25%/ 35%/ 45%/ 55%攻击速度，持续5秒。
主动: 阿兹尔召唤出一个持续10秒的黄沙士兵。在阿兹尔对一名敌人进行普攻时，如果该名敌人在某个黄沙士兵的攻击范围内，那么该黄沙士兵会代替阿兹尔来攻击，通过截刺目标来造成50~150(+55%法术强度)魔法伤害。被该黄沙士兵的截刺所攻击的其他敌人会受到25%的截刺伤害。阿兹尔最多可储存2个黄沙士兵，并且每过8秒就会让一个新的黄沙士兵准备就绪。如果有多个沙漠士兵攻击相同的目标，那么除第一个之外的士兵只造成25%伤害。沙漠士兵可以攻击那些超出阿兹尔的普攻距离之外的目标。沙漠士兵在敌方防御塔附近时会以双倍速度消散。充能时间为10/9/8/7/6秒，被动攻击速度为15%/25%/35%/45%/55%，带着士兵时的攻速为15%/25%/35%/45%/55%。

戏命师 烬

低语 　　　　　　被动技能

烬的手枪有着已被固定的攻击速度，并且在发射4次后就得重新装弹。第4颗子弹总会暴击并造成相当于目标15%~25%已损失生命值的额外物理伤害。此外，烬获得4%~44%、+30%暴击、+25%额外攻速的额外攻击力。烬的暴击造成的伤害减少14%，但会为他提供10%、+40%额外攻速的移动速度，持续2秒。攻击力会从暴击概率和攻击速度加成中获益。移动速度会从攻击速度加成中获益。

刀锋之影 泰隆

刺客之道 　　　　　　快捷键: E

技能消耗: 0/0/0/0/0
技能冷却(秒): 0
范围: 725/725/725/725/725

泰隆翻越相距最近的地形或建筑物。泰隆无法在160/135/110/85/60秒里重复翻越相同地区的地形。

4.3.2　指定目标

目标的类型分为目标型、方向型、坐标型 3 种类型。

1. 目标型

目标型技能一定需要指定明确的目标才能进行释放，这种类型很常见。例如，《英雄联盟》中英雄"虚空先知 玛尔扎哈"的"冥府之握"技能描述"压制一名敌方英雄"就非常明确地告诉了玩家，该技能一定需要指定一个敌方目标才能释放成功。

冥府之握　　　　　　快捷键：R

技能消耗：100/100/100

技能冷却（秒）：140/110/80

范围：700/700/700

玛尔扎哈压制一名敌方英雄并在2.5秒里持续造成共"125/200/275+80%*AP"魔法伤害。一个负能量地带会在他目标周围生成，在5秒里持续造成共"10％+0.025AP"最大生命值的魔法伤害。虚无地带每秒伤害2%/3%/4%。

2. 方向型

方向型技能和坐标型技能又统称为"非指向型技能"，而非指向型技能的归纳过于笼统，并不能让读者一目了然地了解技能类型。因此，我把非指向型技能再进行一次拆分，拆分为方向型技能和坐标型技能。方向型技能指技能的效果一定是以施法者为始发点，向其周围的任意一个方向上释放技能。方向型技能一般会分为直线型、矩形、扇形等多种基于基础几何形状的技能效果。

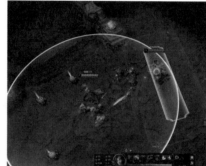

河流之主的直线技能　　　　　　荆棘女王的矩形技能　　　　　　厄运小姐的扇形技能

3. 坐标型

坐标型技能不同于方向型技能的唯一特征是"是否以施法者本身为技能实际产生效果的施法点"，这句话看起来非常难以理解，实际上只需举一个简单的例子即可轻松理解。想象一下战争题材电影中扔手雷的镜头，当士兵将手雷扔向敌人后，手雷会对其爆炸时所在位置为圆心的圆形范围内的敌人造成伤害。此时，虽然手雷的始发点是士兵本身，但是手雷伤害效果的始发点是其爆炸时所在的位置，这种技能称之为"坐标型"技能。

这种类型的技能之所以要单独拿出来讲解，是因为坐标型技能已经越发常见，并且在竞技游戏中会慢慢地独成一派，后文会详细描述。

例如，"酒桶 古拉加斯"的大招"爆破酒桶"技能，就是该类型典型的代表，其技能描述为"古拉加斯抛出他的酒桶，酒桶在着陆后会爆炸，对命中敌人造成伤害，并且将他们从爆炸中震开。"又如"光辉女郎 拉克丝"的 E 技能"透光奇点"的技能描述为"创建一个区域，使其中的敌方单位减速，在 5 秒后该区域会爆炸，对区域内的敌人造成伤害"。当我们了解到这两个技能的实际逻辑以后就会发现，这和之前类比的手雷逻辑并无任何区别。因此，游戏设计师势必要学习技能表现背后的逻辑，只有这样，才能真正掌握设计技能，设计出千变万化的技能效果。

酒桶放大招   拉克丝 E 技能

4.3.3　组成技能的变量

"暴走萝莉 金克丝"的大招"超究极死神飞弹"等，其基本原理都是当英雄发射的物体在一条直线上以一定的速度飞行时，飞行过程中会对第一个命中的物体造成伤害。注意，这个句子中有几个关键字，如果将这几个关键字进行抽象提取，就会发现这个技能是**由发射的物体 + 一条直线 + 一定的速度 + 飞行 + 命中的目标** 5 个变量组成。再进行抽象，这 5 个变量分别可以概括为如下几个关键词。

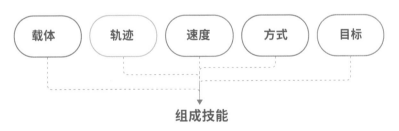

1. 载体

载体可以是艾希的弓箭、金克丝的飞弹、亚索的龙卷风，甚至是英雄本人。例如，《英雄联盟》中"皮城执法官 蔚"的"强能冲拳"，就是把自己当作被发射的物体发射出去，对碰到的敌人造成伤害。总之，这里所讲的发射物体，可以是任何东西，但是前提一定是要以施法者本人为始发点。

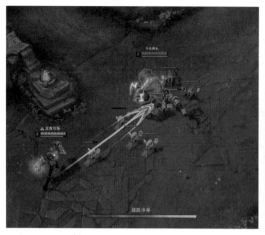

2. 轨迹

这里所要描述的轨迹是载体的移动轨迹，虽然直线是最常见的轨迹，但游戏设计师的想象力是无限的。例如，《英雄联盟》中皎月女神的 Q 技能"新月打击"，就是以英雄为始发点，释放一个沿着弧形轨迹飞行的光束，对弧形轨迹中命中的第一个敌人造成伤害。以线条为轨迹的技能，大量存在于 FPS 游戏中。例如，《守望先锋》里的所有英雄技能几乎都具备这个特征。

除了直线之外，其他常见的几何形状如扇形、矩形、圆形等都可以作为技能的生效范围。例如，《英雄联盟》中的"赏金猎人厄运小姐"的大招"弹幕时间"就是一个扇形（又称锥形）的伤害范围。而"探险家伊泽瑞尔"（俗称 EZ）的大招"精准弹幕"，则是一个矩形，释放该技能后会对一定宽度的矩形内所有触碰到的敌人造成伤害。这是一个非常强力的技能，由于特效的移动速度非常快，且范围非常广，所以在释放后经常让敌人措手不及。

圆形也是常见的轨迹类型，可以是以施法者为圆心，一定的长度为半径，对圆形内的目标造成伤害。例如，《王者荣耀》中"马可波罗"的"狂热弹幕"，就是以马可波罗自身为圆心，向周围发射子弹并对子弹命中的目标造成伤害。

圆形轨迹也可以是以某个坐标点为圆心。例如，《英雄联盟》的"爆破鬼才 吉格斯"的大招"科学的地狱火炮"，就是在爆炸范围的中心区域造成魔法伤害或在边缘地区造成魔法伤害。

3. 速度

被发射的物体沿着轨迹移动的速度可以是匀速的，也可以是变速的。例如，《英雄联盟》中"寒冰射手 艾希"的大招就是匀速前进的，而另一个强力射手金克丝的大招炮弹在飞行时会随着飞行的时间做加速运动，速度越来越快，同时造成的伤害也会随之变高。

4. 方式

这同样也是一个可变量，不仅仅是在空中飞行，也可以是在地下"钻行"。例如，《英雄联盟》中的"熔岩巨兽 墨菲特"Q技能"地震碎片"，就是沿着地表做直线运动。所以我们作为游戏设计师，为了可以不停地设计出更具可玩性的技能，一定要在各种框架中竭尽所能地想象出各种各样的可行性。

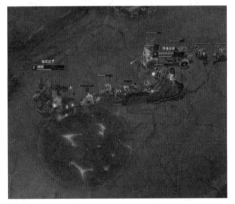

5. 目标

这里分为两种情况，一种是"命中单一目标"，另一种是"命中群体目标"。《英雄联盟》中冰霜女巫的Q技能"寒冰碎片"是融合了两种情况的技能，该技能的描述为"掷出一杆冰矛，冰矛在命中敌人时碎裂，造成魔法伤害并减速，碎片会穿过目标，对被冰矛命中的其他敌人造成等量伤害"。注意，此技能描述中对效果作用单位的描述有如下关键词："命中敌人时""穿过目标""命中其他敌人"。这意味着该技能对处在不同位置的敌人会有不同的效果，这是非常有意思的设计，这样的设计让技能充满变数，也使游戏更具策略性。

4.3.4 作用对象的类型

在竞技游戏中，对抗是永恒的关键词。既然有对抗，就一定会分为敌方阵营、友方阵营，也会有中立阵营。在设计技能时，不能只着眼于敌方阵营，也要充分考虑友方阵营和中立阵营。各大 MOBA 游戏中的"辅助型"职业，就经常能看到这种类型的技能。例如，《英雄联盟》中的"琴瑟仙女 娑娜"（俗称琴女）的 Q 技能"英勇赞美诗"、W 技能"坚毅咏叹调"、E 技能"迅捷奏鸣曲"，既可以对敌人产生效果，同时还会以琴女为中心产生一个光环，进入该光环的友方英雄则会获得增益型效果。这是技能作用于不同阵营对象的代表英雄。

4.3.5 技能效果的类型

在开始设计英雄技能前，要做的是向 MOBA 游戏的前人学习。MOBA 游戏已经发展超过 20 个年头，在这漫长的时间中，无数才华横溢的游戏设计师为 MOBA 游戏的发展与完善奉献出自己的智慧。而能流传至今的英雄与技能，更是经受住了时间的考验。因此，细致地分析这些传承下来的经典，是我们实现自己梦想的重要一步。

与此同时，作为游戏设计师，更不能只局限于研究 MOBA 游戏，还要在其他类型的游戏，如格斗游戏中寻找灵感，正如《英雄联盟》中的蔚与亚索的灵感正是来自《拳皇》与《侍魂》。

而《王者荣耀》更是直接将《侍魂》《拳皇》中的露可娜娜、不知火舞等经典格斗角色直接植入游戏。市场证明，这种大胆的融合获得了巨大的成功，也因此向未来的 MOBA 游戏发展迈出了坚实的一步。

既要纵向地研究前人的经验，又要横向地从其他类型的游戏中汲取营养。无论从哪个角度切入，我们都会发现各种各样的技能设计早已是浩如烟海。例如，《英雄联盟》中每个英雄都有 5 个技能，而又有 162 个英雄，这一共 810 个技能中，每个技能从表面上看仿佛都不一样，左一个技能是"拉克丝向一个方向扔出一个光球，束缚并伤害最多两个单位"，右一个是"莫甘娜向一个方向扔出个黑暗魔法将敌方禁锢在原地"。如果光看文字，有些读者可能早已晕头转向：反正都是控制技能，又有何区别呢？接下来，我将把 MOBA 游戏中常见的技能效果拆分出来，逐一带读者细细分析。

将技能以最终效果进行整理可得到<u>伤害类、防御类、辅助类、控制类、场外因素五大类型</u>。而再将技能效果最小化进行整理，则可得到数十个种类，**我们称这些种类为"技能的最小单元"，简称"技能元"。每个技能元都有且只有一种效果，该效果不能继续拆分。**

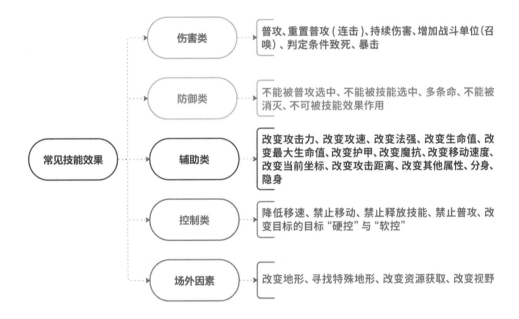

如若掌握以上技能元，则可掌握大部分的竞技游戏技能设计。接下来，我将以<u>概念解释 + 实际应用</u>的案例尽可能地透彻讲解每个技能元，以助读者融会贯通。

1. 伤害类

普攻：全称普通攻击，俗称"平 A"，一般是指使用基础攻击属性而无须消耗任何数值的攻击方式。所有 MOBA 游戏都有普攻，但并不是所有竞技游戏单位都有普攻。例如，《星际争霸》中人族的铁鸦和医疗船等就没有普通攻击，因此普攻一般和基础攻击属性相关联。

重置普攻（连击）：已知一次完整的攻击流程需要包含前摇、施法与后摇 3 个部分，这个流程中虽然玩家可以打断后摇，但并不能在后摇中立即进行下一次普通攻击。因此所谓"重置普攻"

就是允许玩家在第一次普攻前摇结束后立即跳过攻击间隔进行下一次普攻,这个机制俗称"连击",注意需要与"连招"相区别。

重置普攻的技能描述往往会有"使你的下一次普攻……"之类的前缀,最具代表性的例子是《英雄联盟》中"德玛西亚之力"的 Q 技能"致命打击",其技能描述为"在接下来的 4.5 秒内,他的下次普通攻击会造成更多的物理伤害,并沉默目标"。这个技能的机制可以使第一次普攻的攻击间隔立即结束并允许玩家紧接着进行第二次普攻,从而实现 AQA 的连招效果。

锐雯被动技能"符文之刃"的技能描述为"使用技能可强化下一次普攻,最多储存 3 层。"而同时锐雯的 Q 技能"折翼之舞"是一个可以释放 3 次的技能,那么就可以通过普攻—释放 Q 技能第一段—重置普攻—释放 Q 技能第二段—重置普攻—释放 Q 技能第三段达成光速 QA 的连招效果。

持续伤害:持续伤害一般以削弱效果的形式存在,其描述一般需要包含"间隔时间"与"伤害数值"。持续伤害的技能效果也是在 MOBA 游戏中非常常见的,常见的如"流血""中毒""瘟疫"等效果都是持续伤害的一种表现形式。

例如,《英雄联盟》中"魔蛇之拥"的 Q 技能"瘟毒爆炸"就是造成持续伤害的技能。

增加战斗单位(召唤):召唤的具体表现有许多种,但其本质逻辑都是"增加攻击方",在一定条件下增加单位数量。

在 MOBA 游戏中,该技能元的最具代表性的英雄就是《英雄联盟》中的"黑暗之女 安妮"。无论安妮在何种情境下出场,一只可爱而诡异的布偶熊总会与她形影不离。安妮可以在战斗中使用"提伯斯之怒"召唤熊,并在熊落地的一瞬间对目标范围内的敌人造成若干魔法伤害,同时熊会灼烧其附近的敌人。召唤出来的单位不仅可以用作攻击,还可以用作辅助,《英雄联盟》中的"仙灵女巫 璐璐"就可以用她的小宠物"皮克斯"为友军提供抵挡伤害的护盾。因此召唤单位是一个很好用的技能元,如果形象设计得可爱,拥有该技能元的角色往往会深受女性玩家的喜爱。

判定条件致死：单位通常有存在和消灭两种基础状态。因此，所谓判定条件致死，是指在一定条件下，可将敌方目标的状态立即从生存切换为消灭的技能。

致死型技能在 Dota 中比较常见，在后来的《英雄联盟》《王者荣耀》中则极为罕见，原因在后文中我会详细阐述。此处我们只需了解这个技能的机制。例如，Dota 2 中"斧王"的第 4 个技能"淘汰之刃"，就是该机制下的典型代表：斧王寻找弱点出击，直接秒杀低血量的敌方单位，敌方单位血量如果过高则只造成一定伤害。Dota 2 的技能描述往往都有一个特点——很少把具体情况表达清楚，玩家只能通过长期游戏的观察后发现敌方目标的血量低于 20% 时释放该技能，可以让目标立即死亡。

暴击：这里的暴击分为暴击率和暴击伤害两个部分。改变暴击率是指提高或降低 100 次普攻中发生的暴击次数，改变暴击伤害是指增加或减少暴击时所造成的伤害。

暴击是游戏中最常见的技能类型。其原理本书前文已经详细介绍过，这里列举一些具有代表性的英雄。例如，《英雄联盟》中亚索通过出装和技能加点，就可以使自己在战斗后期基本上每次普攻都必然暴击，最重要的是亚索的被动技能"浪客之道"可使他的暴击率增加150%。更有甚者，《王者荣耀》中阿珂（原名荆轲）的被动技能"死吻"让暴击与玩家操作得到了最大化的联动——阿珂在敌人身后发起的攻击，必定暴击。

2. 防御类

不能被普攻选中与不能被技能选中：指向型技能最大的特点是只能对目标单位释放，因此在释放时一定要先选中一个目标。如果目标不能被选中，则指向型技能就无法进行释放。例如，《英雄联盟》中"潮汐海灵 菲兹"（俗称小鱼人）的 E 技能"古灵 / 精怪"：菲兹撑起他的三叉戟并朝着指针悬停处跳跃，暂时变得不可被选取。当小鱼人使用该技能时，小鱼人就成为不可被选中的状态，敌人无法对其使用普攻或者任何技能。值得注意的是，不可被选中造成的结果和无敌类似。不可被选中是 RTS 和 MOBA 游戏中非常重要的单位状态，大量的技能在释放的过程中会使用该状态。同样，《英雄联盟》中"无极剑圣 易"使用 Q 技能阿尔法突袭，当剑圣在 4 个目标中依次跳跃造成伤害过程中，易是无法被敌方目标选中的，因此该技能也无法被打断。因此，在设计某些技能时，一定要考虑是否可以被选中的问题。

多条命：如前文所述，单位通常都有存在和消灭两种状态。这里所说的多条命，是指严格意义上的从消灭状态回归到存在状态。

这种机制乍一看并不常见，而实际上仔细挖掘一下就会发现其存在于很多 MOBA 游戏的英雄身上。多条命机制里最具代表性的莫过于 Dota 2 中"冥魂大帝"（俗称骷髅王）的"重生"技能。当骷髅王点出重生技能后，在一定时间内被杀死后，都可以原地复活，并对其附近的敌人造成减速效果。除骷髅王以外，《英雄联盟》中的生化魔人在死后会分裂成四块细胞组织，在短时间内，如果没有敌方把四块细胞组织杀死，那么生化魔人就会重生——这无疑会给玩家带来更紧张刺激的游戏体验。

细胞分裂　　　　　　　被动技能

扎克每用一个技能命中一次敌人，一小块黏液就会飞溅出去。扎克可以重新吸收这些黏液，来为自己回复4/5/6/7%（根据R的等级）最大生命值。在阵亡时，扎克会分裂成四块细胞组织，并试图重新结合。如果在(8~4)秒后，仍然有细胞组织存活，那么他就会重生，重生时的生命为10%~50%最大生命值(基于存活的细胞组织的生命值)。这个效果有300秒的冷却时间。每个细胞组织拥有扎克12%的最大生命值及其50%的护甲和魔法抗性。

生化魔人 扎克

不能被消灭： 指单位在一定条件下，不会被任何外力改变其存在的状态。这里要注意的是需要和"无敌"概念区分开，无敌虽然也能带来不能被消灭的结果，但从机制上两者有本质的区别。

无尽怒火　　　　　　快捷键：R

技能消耗: 0/0/0
技能冷却 (秒) : 120/100/80
范围: 400/400/400

泰达米尔在5秒内对死亡免疫，持续5秒，生命最低为(30/50/70)，并瞬间获得(50/75/100)怒气。

蛮族之王 泰达米尔

此机制下最具代表性的英雄是《英雄联盟》中"蛮族之王 泰达米尔"（俗称蛮王）的大招技能"无尽怒火"。释放该技能时可以让蛮王在5秒内对死亡免疫，这意味着在这5秒内，无论使用什么样的外力，都无法改变蛮王的存在状态。同时，在这5秒内蛮王还可以瞬间获得大量的怒气值，因此又被玩家戏称为"5秒真男人"。

不可被技能效果作用： 本小节所讲的技能元就是技能效果的最小单元，因此顾名思义，不可被技能效果作用，就是指免疫本小节所列出的各种各样的技能元。

该机制也要与"无敌"划清界限，严格意义上的无敌只是免疫一切伤害，保证单位的血量不会降低。而不可被技能效果作用，在实际的游戏中往往会具体指出不可被哪一类的技能效果作用。

例如，《王者荣耀》中刘备的"以德服人"技能，释放该技能时刘备将清除身上的所有控制效果，并为自己产生一个护盾，护盾存在期间刘备会免疫一切控制技能，同时会吸收一定的伤害。同样，《英雄联盟》中莫甘娜的E技能也是为自己产生一个可以免疫控制技能的盾。控制类技能在后文会详细介绍，MOBA游戏中的绝大部分不可被技能效果作用的技能类型都是控制型技能。

黑暗之盾　　　　　　快捷键：E

技能消耗: 80/80/80/80/80
技能冷却 (秒): 24/22/20/18/16
范围: 800/800/800/800/800

莫甘娜为一名友方英雄提供[(80/135/190/245/300)+70%AP]魔法护盾持续5秒。护盾会挡住限制和定身效果直至被打破为止。

堕落天使 莫甘娜

3. 辅助类

改变攻击力： 顾名思义，就是提高或降低单位的基础攻击力，但需要注意的是，此处的基础攻击力一般是指"物理攻击力"，请读者要区别于"魔法攻击力"。

市面上各种各样的 MOBA 游戏都有这样或那样的不同，而它们的一个共同之处是都存在改变攻击力的技能。例如，《英雄联盟》中易大师的"无极剑道"可增加 30% 的额外攻击力；《王者荣耀》中的曹操释放"浴血枭雄"技能后，可使自己大幅度提升物理攻击力。

直接通过技能提升攻击力，可给玩家带来更强烈的兴奋感，反之当攻击力被降低时则会感到沮丧。最具有代表性的例子是 Dota 2 中"孽主"（俗称"大屁股"）的"衰退光环"技能，当光环被开启后，孽主身边凡是处在光环内的敌方单位的基础攻击力都会被削弱。不仅可以降低敌方目标的攻击力，有些技能也会降低自己单位的攻击力而换取其他属性的提升，但这样的技能很少。Dota 2 著名英雄"风行者"的"集中火力"技能就会通过牺牲自己 1/2 至 1/3 的攻击伤害换取 500 的攻击速度提升。因此，虽然降低了自己的攻击力，但由于在其他属性上给予了补偿，反而提高了玩家游戏时的策略性，增加了游戏的耐玩度。

改变攻速：攻速是指攻击速度，具体指提高或降低单位的基础攻击间隔。大家还记得前文讲到的攻速与攻击间隔的公式吗？此处我们再温习一遍：攻击速度 =1/攻击间隔。改变攻速在 MOBA 游戏的射手型英雄中非常常见。《英雄联盟》中金克丝的被动技能"罪恶快感"就是一个典型的通过提高攻速给玩家带来"快感"的技能，在战斗中每当金克丝完成英雄击杀或者助攻后的一小段时间内，金克丝的攻击速度和移动速度会获得极大的加强，此时给玩家带来的爽感反馈是无与伦比的。该技能也使金克丝成为《英雄联盟》极受欢迎的角色之一。同攻击力一样，攻击速度作为单位的基础属性，也同样可以进行交换，金克丝的 Q 技能"枪炮交响曲"就是

枪炮交响曲！　　　　　快捷键：Q

技能消耗：20/20/20/20/20
技能冷却（秒）：0.9
范围：600/600/600/600/600

金克丝可在[鱼骨头一火箭发射器]和[砰碎枪一轻机枪]之间切换武器。在使用火箭发射器时，金克丝的攻击会对目标和目标附近的敌人造成(110%AD)物理伤害，提升(80/110/140/170/200)攻击距离，消耗法力，但所享的攻速加成减少10%。在使用轻机枪时，金克丝的攻击提高攻击速度，持续2.5秒，可叠加至多3次（最大攻速加成为+30/55/80/105/130%）轻机枪的叠加效果次只会消散一层，并且在金克丝切换至火箭发射器后，只有第一次攻击会享受攻速加成。

暴走萝莉 金克丝

一个"以攻速换攻击力"的典型案例。当金克丝使用 Q 技能切换武器为火箭发射器时，她的普通攻击速度加成减少 10%，但伤害提高了 110%、射程提高了 80~200，这样的设计极大地丰富了玩家在战斗中的操作空间。结合前文提到的被动技能，玩家经常可以使用金克丝打出漂亮的连招效果。这就实现了玩家们常说的"秀操作"的目的。

改变法强：法强是指法术强度，是区别于物理攻击的另外一个数值类型。改变法强就是提高或降低单位的基础魔法强度。典型代表是《英雄联盟》中的"邪恶小法师 维迦"，其被动技能"超

凡邪力"十分让玩家着迷，每当维迦用技能攻击、击杀单位或拆毁防御塔时，都会为他带来永久的法术强度提升的效果。因此在实际战斗中，维迦通过战斗前期的积累，可在战斗后期达到"秒人"的效果，大大提高了玩家在战斗内的兴奋度。

改变生命值与改变最大生命值：提高或降低单位当前的生命值。需要注意的是，生命值分为最大生命值和当前生命值。在前文讲过的"血条"概念中，最大生命值就是指血条的最大可容纳血量，而当前生命值就是血条剩余的血量，更多的血量意味着更持久的续航能力。例如，《英雄联盟》"无极剑圣 易大师"的冥想技能，就可以为自己每秒回复一定的生命值，从而增加英雄的当前血量。而几乎所有游戏都会有的"血瓶"道具，则是回复血量更直接的代表。

生命值同样可以与其他属性交换，虽然 MOBA 中这样的例子并不多，但 RTS 的代表作《星际争霸》有更著名的案例——人族机枪兵。玩家可以给机枪兵升级"兴奋剂"技能，当机枪兵使用兴奋剂后，血量会降低 1/3，但攻击速度和移动速度会大幅提高，场面十分"过瘾"，也许这也是人族机枪兵成为《星际争霸》中最具代表性角色的原因之一。

生命值不仅可以像人族机枪兵一样换攻速和移速，同样可以换伤害，最极端的例子是《星际争霸 2》中虫族单位"爆虫"。它会以"自杀式袭击"的方式冲向敌方目标，造成一定伤害的同时自己也会死亡，其背后的实际逻辑正是"生命值与伤害的交换"。

改变护甲和魔抗：提高或降低单位的护甲。需要注意的是，此处所说的护甲是指物理护甲。而魔抗是指"魔法抗性"，改变魔抗就是提高或降低单位魔法抗性的数值。一旦提及护甲，不少玩家的第一反应就是"护盾"，用以减免伤害。

作为众多游戏类型的基础属性之一，护甲也是最为常见的数值类型。例如，《星际争霸》中的所有单位，包括建筑单位，都会有护甲值的体现，并可以通过攀升科技以提高护甲值，《星际争霸》的"神族"单位更是有单独的"星灵护盾"。

《英雄联盟》里有不少英雄的技能都是可以增加护甲值跟魔抗的，比如"曙光女神 蕾欧娜"的 W 技能"日蚀"，"披甲龙龟 拉莫斯"的 W 技能"尖刺防御"等。

而在 MOBA 的众多技能中，改变护甲和魔抗更多地出现在装备系统中。例如，《英雄联盟》中的"布甲""锁子甲""守望者铠甲"等，都是专门为英雄增加护甲值而准备的。而"抗魔斗篷""负极斗篷""深渊面具"等装备，则是为魔抗准备的。

改变移动速度和改变当前坐标：需要与改变当前坐标的概念加以区分，改变移动速度是指使单位从 A 点到 B 点的移动过程所需时间缩短，而改变当前坐标则是让单位在 A 点到 B 点的过程几乎可以忽略不计。

改变移速的技能有很多。例如，《王者荣耀》兰陵王的被动技能"秘技·极意"，当兰陵王朝敌方英雄移动时提升 20% 移动速度，以便兰陵王可以快速切入战场或追杀敌方英雄。再如，《英雄联盟》蒸汽机器人的 W 技能"过载运转"，在短时间内攻击速度和移动速度得到了显著提升，是先手开团和逃跑时很方便的技能。

而提升移速最具代表性的例子，是 *Dota 2* 中风暴之灵的大招，大幅度地提高英雄速度，可让风暴之灵在全地图翻滚，时而切入团战中造成魔法伤害，时而快速离开战场躲避攻击。这样的技能不仅会让玩家玩得过瘾，而且增强了游戏的观赏性。

机械飞爪　　　　　快捷键：Q

技能消耗：100/100/100/100/100
技能冷却 (秒)：20/19/18/17/16
范围：1079/1079/1079/1079/1079

布里茨射出它的右拳，将命中的第一个敌人拉拽向它并造成(105/150/195/240/285)+120%AP魔法伤害。

蒸汽机器人 布里茨

而改变当前坐标则是指大范围快速地改变单位在地图中的位置。因为可以让玩家"花式秀操作"，所以位移型技能是 MOBA 游戏中玩家最喜爱的技能类型之一。有很多技能会适用于该技能元。例如，《英雄联盟》中的召唤师技能"闪现"，*Dota 2* 中屠夫帕吉和《王者荣耀》中钟馗的钩子技能都是该技能元的代表技能。同样，"传送"也是该类型的代表技能之一，其在方便队友快速前往支援的同时，还加快了游戏节奏。而"符文法师 瑞兹"的大招"曲镜折跃"则是更加夸张的"群体传送"技能。

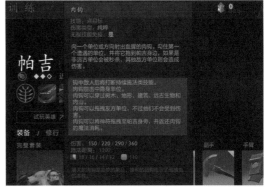

改变攻击距离: 增加或减少单位的最大攻击范围。因为近战单位的射程相对固定，因此改变攻击距离一般出现在"射手类"英雄的技能上。例如，《英雄联盟》"深渊巨口 克格莫"（俗称"大嘴"）的 W 技能"生化弹幕"，该技能被激活后可使大嘴在接下来一定时间内的普通攻击增加 130~210 的攻击距离。再如，更具有典型代表的"麦林炮手 崔丝塔娜"（俗称"小炮"），她的被动技能直接说明其普攻射程会随着她的等级逐渐增加。

对于射手而言，由于其机动能力普遍较弱，并且往往要站在队伍的后排起到输出的作用，因此射程这项属性往往是射手的"看家本领"。

深渊巨口 克格莫

麦林炮手 崔丝塔娜

生化弹幕
快捷键: W

技能消耗: 40/40/40/40/40
技能冷却(秒): 17
范围: 530/530/530/530/530

克格莫获得130攻击距离并且他的攻击造成额外的

(3.5%/4.25%/5%/5.75/6.5%+0.01%AP)最大生命值的魔法伤害，持续8秒。

瞄准
被动技能

崔丝塔娜的攻击距离和爆炸火花]及[毁灭射击]的施法距离增加(0~136)。

改变其他属性: 除了上述属性，MOBA 游戏中复杂的数值体系还有许多属性可以被技能改变，如蓝量等。由于不同的竞技游戏会有不同的核心数值系统，所以在此不一一赘述。

这里需要强调的是，通过改变属性来设计技能是竞技游戏中常见的方式，几乎每个英雄都或多或少会带有这样的特征。但游戏设计师如果想要设计出更有创意、更有"惊喜感"的技能，仍然要从重组技能逻辑着手，不可过多依赖改变数值而简单拼凑技能。

分身: 与召唤单位不同的是，分身特指以单位本身为原型复制一个新的单位，复制出的单位往往带有属性上的差异。最具代表性的例子莫过于《魔兽争霸3》中的经典英雄"剑圣"，他的"镜像"技能可以制造出剑圣幻影来迷惑对手，当双方英雄对阵，对面出现 3 个一模一样的剑圣时，如果不是非常熟练的老玩家，新手玩家都会分不清究竟哪一个才是真实的剑圣。而在 MOBA 游戏中，类似分身的技能更是屡见不鲜，例如，《英雄联盟》中"齐天大圣 孙悟空"的"真假猴王"技能也具有类似的效果，而区别只是场景中留下的是替身，真身只是"隐身"了而已。

齐天大圣 孙悟空

真假猴王
快捷键: W

技能消耗: 40/50/60/70/80
技能冷却(秒): 22/19.5/17/14.5/12
范围: 275/275/275/275/275

孙悟空突进并变为隐形状态，持续1秒，同时留下一个持续3.25秒的不能移动的分身。分身会攻击附近近期被孙悟空造成过伤害的敌人并会模拟他的终极技能，造成35%/40%/45%/50%/55%的常规伤害。隐形单位只会被[防御塔]或[真实视野]发现。

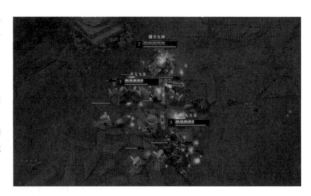

隐身: 使其他单位在其视野内无法看到自己。隐身技能在竞技游戏中十分常见。尽管这会给对手带来很不好的体验，往往新手在竞技游戏中最无法承受的挫败感就来自使用了隐身技能的敌方单位。

此处需要强调的是，当我在与许多游戏玩家沟通时，玩家往往最喜欢做的事情是绘声绘色地描述他心目中的一个英雄应该拥有什么样的技能，这些技能虽然极富创意，但更多的时候玩家只会从"英雄的当前使用者"的角度出发进行思考，而不会考虑"战斗双方"的感受。因此当我们以游戏设计师的角度去思考技能设计时，就要站在更高的角度俯瞰施法者与受击者双方的体验。就像"隐身"固然是一个十分强力的技能元，但游戏的其他机制一定要有可以"反隐身"的方法。而在大部分 MOBA 游戏中，隐身已经不再单单以技能的方式呈现，其更多是游戏本身的战略性机制的一部分。例如，《英雄联盟》和《王者荣耀》等游戏中的"草丛机制"，当英雄进入草丛时可对草丛外的单位隐身。这是 "隐身机制"在游戏规则设计中的典型代表。草丛的出现大大丰富了游戏的策略性和随机性，使游戏的可玩性与耐玩性大大提高。

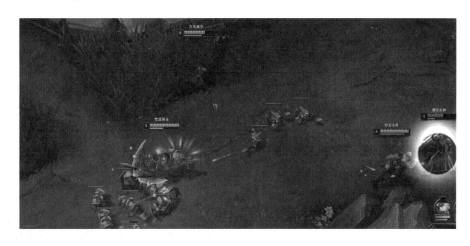

关于隐身技能本身的存在就是多种多样的，以"敌方的视野"和"距离"的关系为出发点，可获得如下类型。

（1）是否可见与距离有关：例如，《英雄联盟》中"寡妇制造者 伊芙琳"的被动技能"暗影迷踪"，在脱离战斗之后，伊芙琳就会进入隐身状态，但她的隐身是与距离挂钩的，当敌方英雄与伊芙琳的距离过近时，伊芙琳就会在敌方英雄的视野内出现。

（2）是否可见与距离无关：当《英雄联盟》中的"暗夜猎手 薇恩"释放大招"终极时刻"时，虽然仅仅只有短暂的一秒，但无论距离多近，都不会有人能看到她的存在。此时薇恩的隐身就与距离没有关系，是真正意义上的隐身。只是这种隐身对敌方玩家过于不友好，因此时间很短暂，仅仅有一秒钟，然而也正是这一秒钟。拉开了"高手"与"新手"的差距。

终极时刻　　　　　　快捷键：R

技能消耗：80/80/80
技能冷却（秒）：100/85/70
范围：1/1/1

薇恩获得25/40/55攻击力，持续8/10/12秒，并且如果一个被薇恩所伤害的敌方英雄在3秒内死亡，那么持续时间会延长4秒。此外，在这段持续时间里暗夜猎手会转而提供90移动速度。闪避突袭的冷却时间缩短30%/40%/50%，并提供持续1秒的隐形。隐形单位只会被[防御塔]或真实视野显形。这个技能的持续时间无法被提升至超过它的最大持续时间。

还有一点需要注意的是，在绝大部分竞技游戏中，单位隐身之后与其他单位的碰撞仍然存在，意味着仍然可以收到非指向型技能所造成的效果。例如，《英雄联盟》中孙悟空虽然使用了隐身技能让敌人无法看到他，但此时金克丝的大招如果触碰到了孙悟空的真身，即使看不见，仍然可以打中后者并造成相应的伤害。因此，我们一定要严谨区分隐身的具体形式，避免技能逻辑上有瑕疵。

4. 控制类

降低移速：顾名思义，指的是将目标的移动速度降低，在一定程度上起到限制敌人移动的目的。以此为技能元的技能极多，并且花样丰富。减速是一个具有"悠久历史"的控制类技能，在竞技游戏之外的其他各种类型游戏上都有所涉及。如果一个法师类或者射手类的英雄具有减速效果的技能，更易为玩家"秀操作"预留出空间。

禁止移动：区别于降低移动速度，禁止移动是指让单位彻底无法移动。例如，《英雄联盟》里皮城女警的"约德尔诱捕器"，第一个踩中的敌方单位会在 1.5 秒内无法移动。这里要注意的是，所谓的"让单位彻底无法移动"，是指让单位无法被其操作的玩家使用普通移动指令控制移动，但在某些情况下，使用移动技能仍然可以获得一定的移动效果。例如，中了拉克丝 Q 技能被禁锢的单位，仍然可以使用闪现改变单位的位置。因此在设计"禁止移动"相关的技能时，一定要谨慎地将技能元的优先级排序，如"改变单位坐标 > 禁止移动"。

禁止释放技能：限制单位释放技能。"沉默"是该技能元最常见的表现之一，当单位被沉默以后，单位无法主动释放任何技能。注意，是主动释放，因为在大部分情况下，被动技能或者某些触发型技能仍然可以起作用。

禁止普攻：限制单位进行普通攻击。例如，《英雄联盟》里"迅捷斥候 提莫"的 Q 技能"致盲吹箭"会对敌方单位造成致盲效果，此效果下敌方单位的普通攻击会失效。

致盲吹箭　　　快捷键：Q

技能消耗：70/75/80/85/90
技能冷却（秒）：7
范围：680/680/680/680/680
提莫发射一根吹箭，对目标造成
2/2.25/2.5/2.75/3秒致盲和
(80/125/170/215/260+80%AP)魔法
伤害。
小兵和野怪的致盲时长会延长200%。

改变目标的目标：强制改变目标当前的目标，这听起来有些绕口，却在实际游戏中较为常见。例如，《英雄联盟》中九尾妖狐的魅惑技能和 *Dota* 中斧王的嘲讽技能，都是属于强制改变目标单位当前目标的技能元。

魅惑妖术　　　快捷键：E

技能消耗：60/60/60/60/60
技能冷却（秒）：14
范围：975/975/975/975/975
阿狸献出红唇热吻，魅惑命中的首个敌
人1.2/1.4/1.6/1.8/2秒并造成
(80/110/140/170/200+60%法术强度)
魔法伤害。这个技能会使敌人中断位移。

"硬控"与"软控"：所谓"硬控"，是指一个控制技能存在让对方玩家无法操作的效果，往往是多个控制类技能元的组合。例如，《英雄联盟》中亚索在吹风后，目标在滞留在空中的不到 1 秒的时间内，包含了禁止移动、禁止释放技能、禁止普攻 3 个技能元。在目标滞留空中期间，玩家无法对英雄进行任何操作。硬控类技能由于过于"强势"，在《英雄联盟》及以后出品的MOBA游戏中较为少见。

与硬控有所区别的是，"软控"是指单位在被控制期间，玩家仍然可以对其进行操作，虽然操作往往是受到限制的。例如，同样在《英雄联盟》中非常出名的英雄"光辉女郎 拉克丝"，她的两个控制型技能在作用到目标以后，目标在被禁止移动或减速的同时，仍然可以进行普通攻击、释放技能等操作。对于大部分玩家而言，软控往往比硬控更友好。在如今以《王者荣耀》为代表的新型MOBA游戏中，软控占更大的比重，以满足更多玩家的需求。

光之束缚 快捷键：Q

技能消耗：50/50/50/50/50
技能冷却（秒）：11
范围：1175/1175/1175/1175/1175

拉克丝朝目标地点发射一团光球，束缚前2名敌人2秒并对每个敌人造成0/125/170/215/260(+60%*AP)魔法伤害。

透光奇点 快捷键：E

技能消耗：70/80/90/100/110
技能冷却（秒）：10/9.5/9/8.5/8
范围：1100/1100/1100/1100/1100

拉克丝创造一个光明地带，显形该区域并使区域中的敌人减速25%/30%/35%/40%/45%。
在5秒后或再次释放这个技能后，它会爆炸，造成70/120/170/220/270（+80%法术强度)魔法伤害并减速额外的1秒。

5. 场外因素

改变地形：改变地图中的地形，主要用于限制或增加目标的移动区域。改变地形是一种充满策略性的对战方式，因为竞技游戏的主流地图为了游戏模式的统一性往往在相当长的一段时间内并不会轻易修改，就好比足球运动发展至今虽然规则发生了很多变化，但正规足球场的规格已经几十年没有变过。而可以临时改变地形的技能，会在一小段时间内打破固有格局，增强游戏的可玩性。

在Dota 2中，撼地神牛的技能是最具有代表性的，自己的面前立即产生一条沟壑，可瞬间对原本就非常狭窄的固定道路进行重新切割，可以暂时性地阻断敌我双方单位的移动路线。更夸张的是《英雄联盟》牧魂人的W技能"暗灵缠身"，能在目标区域召唤一个可攻击的暗灵之墙来阻止敌方移动，释放后会在地图中立即形成一个包围圈，将所有单位困入其中。如果玩家运用得恰到好处，则可围困敌人让敌人无处可逃。

寻找特殊地形：使目标进入地图中的某类地形中。该技能元较为少见，但也不容忽视，如果使用得当，会成为英雄的点睛之笔。例如，Dota 2里齐天大圣的"丛林之舞"，玩家释放该技能后，可以使齐天大圣跳到树上。

改变资源获取：增加或减少目标在战斗中的资源获取方式。该技能元最具代表性的莫过于《英雄联盟》里"卡牌大师 崔斯特"的被动技能，能让英雄每次击杀敌方单位后都额外获得金币，这使卡牌大师的战斗内经济增长加快，可以比其他英雄更早购买所需装备。

灌铅骰子　　　　　　被动技能

在击杀一名单位后，崔斯特会投掷他的"幸运"骰，随机获得1到6的额外赏金。

卡牌大师 崔斯特

改变视野：加大或缩小目标在战斗中的视野范围。例如，《英雄联盟》的英雄"烬"在放大时，镜头会拉高并提供给玩家更多的视野，效果十分壮观。

4.3.6　连招与技能缓存

连招最早出现于动作类游戏中，尤其在各种格斗游戏中被发扬光大。通过成功释放一连串酷炫的连招而让对手毫无招架之力，是刺激玩家肾上腺素飙升的强大动因，同时也是各种动作类游戏最好玩的地方。那么当我们剥开连招酷炫表现的外衣，连招本质的实现逻辑又是怎样的呢？

概括地讲，连招是一条互为触发条件的状态链，也就是说当玩家控制角色进入一个状态期间，玩家给予角色新的指令，角色就会进入一个新的叠加状态。最常见的莫过于几乎所有动作类游戏都会有的"跳砍"类的连招：玩家先控制角色跳起，在角色浮空期间再控制角色攻击，角色就会从空中向地面俯冲攻击——跳起、攻击、产生新的攻击效果。这是一个最简单的连招表现。归纳为逻辑链：玩家输入指令 A—触发角色进入状态 A—角色在状态 A 的持续过程中—玩家再输入指令 B—触发角色进入状态 C……。在这个链条中需要注意的是，当角色不在状态 A 中，玩家输入指令 B，则只会单独进入状态 B，只有符合上述逻辑，才能进入状态 C。

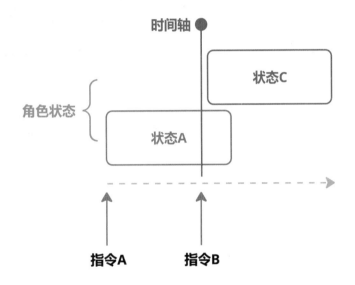

QTE（Quick Time Event，快速反应事件）机制则是连招的另外一种表现形式。著名动作游戏《战神》系列中大量使用这个机制，很多动作类游戏在营销中也经常将 QTE 作为宣传噱头。而无论是广泛意义的连招还是 QTE，其本质都与角色的状态有关。而在竞技游戏中，连招的使用也是屡见不鲜，并受到玩家的广泛追捧。

例如，《英雄联盟》中的"亚索"（我在本书中多次以亚索举例，这几乎是《英雄联盟》中设计得最成功的英雄），当玩家单独使用 Q 技能时，亚索会往前方释放一个矩形范围的伤害技能，而当玩家单独使用 E 技能时，亚索则会往敌方目标点上快速移动。但是当玩家先使用 E 技能，使亚索进入"快速移动的状态"时，玩家只要在快速移动的状态消失前再按下 Q 技能，则会在亚索到达目标点时在其周围释放一个圆形范围的伤害技能，这是一个不同于 Q 技能的新技能，只有玩家使用"EQ 二连"时才会触发。

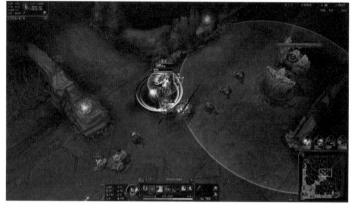

那么连招又是如何实现的呢？这就涉及"**技能缓存**"的概念了。

所谓的技能缓存，就是指系统对玩家的连续操作进行记忆，然后逐条播放。例如，亚索使用
E 技能向目标移动的过程中，由于移动是一个持续状态，因此亚索在这个状态中对玩家输入新的
操作指令并不会立即响应，但会"先记忆住"，直到移动的状态结束后才会对刚才记忆住的玩家
指令进行响应。

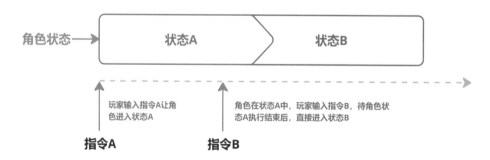

连招的机制非常考验玩家的反应能力，因为在大部分的游戏中，状态的持续过程往往只有不
到一秒，甚至只有零点几秒的时间。玩家需要在不到一秒的时间内做出指令，否则就会错过释放
连招的机会。连招也是可以提高游戏操作深度的重要设计手段之一。连招设计得好坏，将直接影
响游戏在核心玩家中的成瘾度和口碑。

即使如此，我还是要强调游戏设计中过度设计连招所产生的弊端，特别是在传统格斗类游戏

中，丰富的连招系统既是格斗类的最大特色，同时也是玩家进入格斗游戏的障碍所在。

首先，玩家需要记忆大量的"组合按键"，由于连招招式过于丰富，游戏不得不大量使用 2 个以上的按键组合来生成连招，并且每一个角色的连招组合都不一样，这极大加深了玩家对于操作指令的记忆成本。

其次，状态的保持时间过少，留给玩家的反应时间过短。在格斗游戏中，为了将玩家的水平进行切分，加强游戏的操作深度，往往一个状态的持续时间非常短暂，留给玩家在状态中输入新指令的时间窗口转瞬即逝。这虽然可以让反应快速的玩家在每次成功操作后产生极大的成就感，但会让反应没那么快的玩家屡次获得挫败感。如果一个游戏中角色的主要技能，大部分都无法顺利释放，那么这个游戏就会让更广泛意义上的玩家群体避而远之。

最后，格斗类游戏的连招释放往往需要的不仅是自己控制角色的状态，更多的时候还需要将"命中敌人后，敌人产生的硬直状态"作为连招顺利释放的判断依据。所谓"硬直"，是指一个角色在某种情况下不响应玩家输入的任何指令，最常见的硬直状态就是受击动作。动作类游戏为了最大化地体现游戏的打击感，当角色受到攻击时，角色都会表现出一个受击动作，角色在播放受击动作时，不会响应玩家的任何操作。而大量的连招动作，正是以敌人进入硬直状态为释放时机。虽然释放连招的玩家会因为敌人不断地进入硬直状态而沾沾自喜，但技不如人的玩家则会在一段时间内无法对角色进行任何操作，只能任人宰割，这个体验所带来的负面情绪又是非常难以消除的。因此，当我们对角色进行连招设计时，一定要多方面考虑，尽可能减少上述的各种弊端。

4.3.7　将技能元组成复合型技能

我们花费了大量的篇幅，逐个讲解了目前主流游戏的技能最小单元，这使我们初步认识并理解了当今竞技游戏中关于技能的细碎知识点。这些技能元就好像七巧板中的每个部件，作为游戏设计师要做的就是将这些零部件合理地摆放成更加美观的图形。

MOBA 类游戏中，将技能元通过巧妙的创意、严谨的逻辑重新组合而成的"复合型"技能已经越发成为主要乐趣点。复合型技能可以给 MOBA 游戏带来更深的操作深度、更耐玩的游戏性，是 MOBA 游戏成为目前最主流竞技游戏类型的重要因素之一。只是我们也不应该忽视的是，越来越复杂的复合型技能同时会成为新玩家接受游戏的绊脚石，代表着越来越高的学习成本。

以下，将以《英雄联盟》中最受欢迎的几个英雄为案例，详细讲述游戏设计师是如何化整为零，将数十种技能元重新排列组合而设计出让玩家爱不释手的复合型技能的。

硬控类技能的定义在前文中已经介绍，而大部分的硬控类技能都属于"复合型技能"。例如，《英雄联盟》中艾希的大招"魔法水晶箭"可对命中的第一个敌方英雄造成眩晕。而"眩晕"这个技能，我们将其细致地拆分后可以发现，这实际上是由若干个技能元组成的"高级技能效果"，在单位被眩晕的过程中，单位不可移动、不可释放技能、不可普攻，艾希的魔法水晶箭同时还会造成伤害。因此我们可以发现魔法水晶箭是由如下技能元组成的一个复合型技能。

魔法水晶箭 = 改变当前生命值 + 禁止移动 + 禁止释放技能 + 禁止普攻

让我们再用《英雄联盟》中的另外一个英雄孙悟空举例讲解。

金刚不坏 = 改变护甲 + 改变魔抗

金刚不坏
被动技能

在1~18级时获得5~9护甲,每5秒回复0.35%最大生命值,每当孙悟空或者其分身命中一名敌方英雄或命中野怪时,额外增益提升50%,持续5秒(最多可叠加10次,总额外增益500%)。

真假猴王 = 隐身 + 分身 + 改变当前生命值

真假猴王
快捷键: W

技能消耗: 40/50/60/70/80
技能冷却 (秒): 22/19.5/17/14.5/12
范围: 275/275/275/275/275

孙悟空突进并变为隐形状态,持续1秒,留下一个持续3.25秒的不能移动的分身。分身会攻击附近近期被孙悟空造成过伤害的敌人并会模拟他的终极技能,造成35%/40%/45%/50%/55%的常规伤害。隐形单位只会被[防御塔]或[真实视野]发现。

大闹天宫 = 改变当前生命值 + 禁止移动 + 禁止普攻 + 禁止释放技能 + 改变移动速度

大闹天宫
快捷键: R

技能消耗: 100/100/100
技能冷却 (秒): 130/110/90
范围: 315/315/315

孙悟空获得20%移动速度并旋转他的金箍棒,击飞附近的敌人0.6秒并在2秒里持续造成共(275%AD)加上(8%/12%/16%)最大生命值的物理伤害。这个技能可以在8秒再释放一次,随后会进入冷却阶段。对野怪的伤害上限为2秒共(400~1200基于等级)伤害。

腾云突击 = 改变移动速度 + 分身 + 改变当前生命值 + 改变攻速

(此处需要注意,"突进"概念的本质就是短时间内提高移动速度)

腾云突击
快捷键: E

技能消耗: 30/35/40/45/50
技能冷却 (秒): 10/9.5/9/8.5/8
范围: 650/650/650/650/650

孙悟空冲刺至目标敌人处,并放出多个分身来对附近的至多2个额外敌人进行模拟突进。每个被击中的敌人会受到(80/110/140/170/200+100法术强度)魔法伤害。之后,孙悟空和他的分身会获得40%/45%/50%/55%/60%攻击速度,持续5秒。对野怪造成(96+120%AP)伤害。

粉碎打击 = 改变攻击距离 + 改变当前生命值 + 改变护甲

粉碎打击
快捷键: Q

技能消耗: 40/40/40/40/40
技能冷却 (秒): 8/7.5/7/6.5/6
范围: 250/275/300/325/350

孙悟空和他的分身的下次攻击提升75距离,造成(20/45/70/95/120 +45%额外AD)物理伤害,并移除目标10/15/20/25/30%护甲,持续3秒。每当孙悟空或他的分身用一次攻击或技能命中一名敌人时,这个技能的冷却时间就会缩短0.5秒。这个技能会在造成伤害时触发技能特效。

为了让读者理解此处"针对技能元进行排列组合而获得复合型技能"的概念，接下来进一步以《英雄联盟》中"卡牌大师 崔斯特"为例子解释更加复杂的、主要使用复合型技能的英雄案例。

卡牌大师 崔斯特

灌铅骰子 = 改变资源获取

万 能 牌 = 改变当前生命值

选　　牌 = 改变当前生命值 + 改变作用范围 + 改变魔法值 + 改变移动速度 + 禁止移动 + 禁止普攻 + 禁止释放技能

卡牌骗术 = 改变攻击力 + 改变攻击速度

命　　运 = 改变视野 + 改变单位坐标

卡牌大师的 W 技能几乎是《英雄联盟》中逻辑最为复杂的复合型技能。它实际上是由 3 个子技能通过一个切换逻辑组合而成，3 个子技能由 7 个技能元重新排列组合而成。

灌铅骰子　　　　　　被动技能

在击杀一名单位后，崔斯特会投掷他的"幸运"骰，随机获得1到6的额外赏金。

万能牌　　　　　　快捷键：Q

技能消耗: 60/70/80/90/100

技能冷却 (秒) : 6/5.75/5.5/5.25/5

范围: 10000

崔斯特掷出三张牌，各造成60/100/140/180/220 +80% 法术强度伤害。

选牌　　　　　　快捷键：W

技能消耗: 30/40/50/60/70

技能冷却 (秒) : 8/7.5/7/6.5/6

范围: 200/200/200/200/200

崔斯特开始洗牌，允许他再选牌。牌中锁定一张，并且强化他的下次攻击。蓝牌造成(40/60/80/100/120(+100%攻击力)(+115%法术强度))魔法伤害并回复50/75/100/125/150法力。红牌对附近的敌人造成(30/45/60/75/90(+100%攻击力)(+70%魔法伤害))魔法伤害和持续2.5秒的30/35/40/45/50%减速。金牌造成(15/22.5/30/37.5/45+100%AD+50%AP)魔法伤害和1/1.25/1.5/1.75/2秒晕眩。

卡牌骗术　　　　　　被动

被动:每第4次攻击造成额外的(65/90/115/140/165)+50%AP]魔法伤害，崔斯特还会获得(10/17.5/25/32.5/40%)攻击速度。

命运　　　　　　快捷键：R

技能消耗: 100/100/100

技能冷却 (秒) : 180/150/120

范围: 5500/5500/5500

崔斯特专注于他的卡牌，提供地图上所有敌方英雄的真实视野，持续6/8/10秒。当命运技能被激活，再次使用该技能可以在1.5秒后将崔斯特传送到5500码以内的地方。

4.3.8　同时考虑释放者与受击者的体验

　　根据释放技能是否需要以先选中目标为先决条件，可以将技能分为指向和非指向两种类型。不需要以先选中目标为释放条件的，为非指向型技能；需要以先选中目标为释放条件的，则属于指向型技能。前文中已经比较详细地介绍了两种技能的各种特征，接下来会以游戏类型举例，更加深入地介绍由于两种技能类型的不同而产生的不同游戏类型。

　　由于指向型技能需要先选中目标，因此指向型技能更多的时候考验的是玩家对技能释放时机和目标选择的能力。在 MOBA 游戏中，虽然非指向型技能也大量存在，但总体而言，指向型技能才是 MOBA 游戏的主要玩点。而在一款名为《百战天虫》的经典对战游戏中，非指向型技能也同样做到了让玩家欲罢不能的地步。在 *Dota* 出现前，《百战天虫》也曾风靡全球，其对非指向型技能的设计达到了一个全新的高度，游戏中既有各种抛物线释放的雷和火箭，也有移动路线难以捉摸的"爆破绵羊"。"预判"是非指向型技能最有乐趣的地方，预判是否成功是人类天生的乐趣点，这和"篮球""足球""射击"带给人们的乐趣是一样的。

　　而在近几年的游戏发展趋势中，我还发现了通过花样设计非指向型技能表现而带来的新的乐趣点。除《百战天虫》外，几乎和 *Dota* 在同一时期出现的《术士之战》则很少被媒体提及。《术士之战》的玩法非常简单，与 *Dota* 一样以 WAR3 编辑器为开发工具，亡灵族的"农民"为术士的角色模型，玩家在一个不断缩小的圆形地图中可以为术士选择火球、冰箭等各种非指向型技能，通过预判敌人走位而选择技能释放时机与释放方向，一旦命中敌人，则会将敌人击退，如果敌人被击退出圆形地图外，则会受到巨额伤害。虽然《术士之战》不如 *Dota* 那样出名，但简单易理解，伴随直观的乐趣和较低的挫败感，也曾给许多玩家带来欢乐。

　　2016 年发布的《战争仪式》则延续了《术士之战》的设计理念（我认为两个游戏的延续并

不是游戏开发者刻意为之）。《战争仪式》在 Steam 平台上一经上线，仅 3 天时间销量就超过了 25000 份，好评率高达 96%。《战争仪式》同样也是一个不断缩小的圆形场景，其中所有英雄的技能都是非指向型，玩家通过预判对敌人造成伤害。

但《战争仪式》的问题也非常明显——英雄的技能实在是太多了。也许是为了增加游戏深度和重复的可玩性，每个英雄竟然拥有 8 个技能，导致玩家的学习成本变得很高，并且战斗中的场面也十分混乱。也许是巧合，2016 年底，一款名为《弓箭手大作战》的 io 类游戏在 TapTap 上仅用 7 天时间就获得了超过 130 万的下载量。

《弓箭手大作战》的一大特征就是游戏的所有攻击方式和技能都是非指向型，玩家需要不断地移动，躲避敌人攻击的同时想办法预判敌人的走位造成伤害，该游戏一经面市就让各路玩家大呼过瘾。无论是早期的《百战天虫》和《术士之战》，还是后来的《战争仪式》与《弓箭手大作战》，这些游戏的阶段性成功，都充分证明了只要游戏设计者对非指向型技能在充分理解的基础上进行深度挖掘，一样可以在 MOBA 类游戏盛行的今天为玩家带来更简单、更纯粹的快乐，找到成功的机会。

近年来，直到 SUPERCELL 推出《荒野乱斗》，移动游戏市场终于迎来了可以在全球持续流行的重量级作品，并将 MOBA 的战斗与非指向型技能之间的平衡发挥到了极致。

小贴士

io 类游戏最早是指以 .io 为域名后缀的小游戏集合，后特指画面、玩法都较为简单的多人对战类游戏；TapTap 是国内新兴起的一个精品手机游戏社区平台。

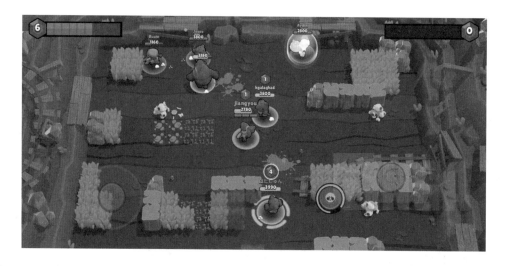

设计师进行技能设计时，往往会将目光聚焦在技能的释放者上，而忽视被受击者的感受。在前文对技能因子的大量描述中，我们已经多多少少了解到什么样的技能类型容易对受击者造成巨大的挫败感，下文再一次进行梳理，让读者进一步了解受击者受到不同技能打击后的感受。

（1）任何技能一定要"可被化解"。

在中国的武侠世界中，一个招式无论多么无敌，都有其他招式能克制它，好比降龙十八掌虽然被称为天下第一招式，但仍然有杨过的黯然销魂掌可与之争锋。在竞技游戏中，技能之间的克制关系是需要单独设计的，任何一款足够耐玩的竞技游戏都不允许出现"天下无敌"的技能，强调一环扣一环的相互克制，是体现游戏深度的根本。

正所谓"你有张良计，我有过墙梯"。例如，《英雄联盟》探险家伊泽瑞尔的大招释放后的弹道速度快、伤害高，但亚索只要反应够快，使用风墙技能就可以轻松抵挡住。

德玛西亚皇子的大招"天崩地裂"（技能效果是在平地围起一个石墙），被圈在墙内的敌方玩家只要使用闪现类技能就可轻松离开。试想一下，如果被围住的玩家发现自己没有任何技能可以逃出去，只能任人宰割，此时带给他的负面情绪会是多么严重？

技能逻辑上的克制有时候表现得不是非常明显，而从 MOBA 游戏的数值克制上来看，就较为清晰。例如，护甲值无法削减魔法伤害，而魔抗又无法削减物理伤害，但不管是魔抗还是护甲，都无法抵抗真实伤害。

对克制关系的利用更明显地存在于竞技卡牌游戏中。例如，《炉石传说》中牧师的必备卡牌"暗言术：灭"可立即消灭一个攻击力大于或等于 5 的随从，那么不管对手出了多么强大的随从牌，只需消耗 3 费即可轻松化解，但是如果对手是一个有经验的法师，则会同时埋一张"法术反制"。"法术反制"可以让对手释放的任何法术不起作用——高攻击力随从被"暗言术：灭"克制，而"暗言术：灭"又被"法术反制"克制。这样的克制关系存在于竞技类卡牌的种种细节中，最终构成了一款极度耐玩的游戏。

（2）释放技能一定要"付出成本"。

无论是法力值还是能量值、冷却时间或弹夹子弹数，甚至是攻击距离和技能持续时间，一款优秀的竞技游戏，在基础普攻之外的技能设计中，一定会给技能以释放约束，永远不会有一个技能可以毫无成本地无限制释放，这是竞技游戏的默认准则。

例如，无论是 *Dota* 还是《英雄联盟》，绝大部分英雄的大招往往都是冷却时间最长、法力消耗最大的技能。这是因为大招一般都是"必杀性"技能，其威力远远高于一般的小技能，就好比"暴走萝莉 金克丝"的大招"超究级死神飞弹"在对残血英雄产生巨大伤害的同时，需要高达 1 分钟到 1 分半的技能冷却时间。另一名射手英雄"深渊巨口 克格莫"的大招"活体大炮"，伤害较高、冷却时间短，但法力消耗大，该技能释放 8 秒内的每次后续释放，都会多消耗 40 点法力值。

通过各种数值关系约束技能释放成本，会有如下好处。

①增加游戏深度。还记得前文提到的资源与单位的关系吗？游戏中的资源运营，将直接决定技能的释放成本，因此给予空间让玩家通过深度思考，计算每一次技能释放的性价比和时机，让玩家进入深度思考状态，可加强玩家的心流体验。

②控制游戏节奏，避免过早地释放兴奋感。竞技游戏往往都无法离开探查—运营—交战—迂回的循环，这是一局游戏清晰完整的节奏脉络。通过约束技能释放成本，就可以大致约束玩家在游戏中各个节奏点的时间，从而控制玩家最高兴奋点的出现时间。

③避免对手感受到"无助状态"，给对手以寻找破绽的机会。玩家对游戏的理解是多种多样的，对技能释放成本的理解，也是千差万别。然而正是由于理解的区别，才导致不同的玩家对释放什么技能及技能释放的时机总是会有不同的操作。当一方把成本消耗殆尽，而另一方仍然有充足的成本时，竞技的天平就会开始倾斜给优势的一方。尽管如此，弱势的一方只要仍然拥有技能释放的成本，就仍然拥有逃脱或者翻盘的机会，这也是竞技游戏最有魅力的地方。

（3）组合成技能的技能元尽量低于 3 个。

目前市场上成熟的竞技游戏中技能再复杂的英雄，所有的技能元加一起，都不会超过 5 个，而且这几乎是一个技能所能包含技能元数量的极限了。我们几乎无法看到一个技能，可以同时带有多种伤害类型，也无法看到一个技能同时包含多种功能类型。英雄设计中每一个技能的技能元都要符合英雄的主体定位，是辅助还是射手？是坦克还是战士？如果是射手，应尽可能避免在其技能的技能元中包含硬控技能。如果是辅助，应尽可能在其技能的技能元中包含抵御伤害或控制类的技能。这并非绝对，我们还可以在数值调整中进行进一步的强化或者弱化。技能元过多，还会提高玩家对英雄的上手门槛和理解难度，因此适度控制技能元的数量仍然是现代竞技游戏中很有必要的考虑因素。

现如今最流行的品类 MOBA 与 FPS 的融合型游戏，如《Apex 英雄》和《守望先锋》中，技能的复杂度又进行了简化。大刀阔斧地降低玩家理解并熟悉技能的门槛和时间，是未来融合型游戏不可阻挡的技能设计趋势。

（4）"硬控型"技能元要谨慎使用。

玩家们经常聊到的"硬控型"技能，是指会让角色不仅无法移动，并且连普攻都无法释放的定身型技能。Dota 2 中的硬控型技能非常多，如骷髅王的 1 技能、屠夫的大招、船长的大招，都是直接将目标砸晕，使其无法释放技能也无法移动。玩家也因此设计了很多连招，例如，屠夫用 1 技能拉人到身边然后出大招让目标晕眩，骷髅王开团先手 1 技能眩晕对面的输出位以便队友集火等。

在技能元中，硬控型技能表现为禁止普攻和禁止释放技能。比起减速、定身等软控型技能，硬控类技能在游戏中给对手的感受更加不好。面对带有硬控型技能的英雄时，对玩家的反应速度要求太高，从而降低了游戏中操作的容错率。从 Dota 到《英雄联盟》，再到《王者荣耀》，MOBA 主流游戏的演变显示，硬控型英雄较多的 MOBA 游戏，玩家上手的门槛也比较高。因此，如果你希望设计一个低门槛的 MOBA 竞技手游，一定要适度使用硬控技能元，或者把硬控型英雄挪到游戏后期再开放给玩家。

但不得不提的是，对于已经那些忠诚于游戏的"高端玩家"而言，硬控型英雄又是他们的钟爱之选。因为高端玩家之间操作的差距实际上是非常微小的，当战斗的局面无法打开时，硬控型技能的先手将直接建立优势，而被控的一方，如果能在被先手控制的情况下通过华丽的操作和完美配合翻盘，这将是极富观赏性的战斗表现。我们作为游戏设计师，在解决新手门槛问题之后，更要考虑的反而是如何适度加强游戏深度，提高游戏的耐玩性与观赏性，让玩家愿意付出时间和精力研究和练习，从而达到使玩家长期留存的目的。

（5）技能设计要符合角色形象给人的第一印象。

让我们展开想象：如果盖伦是一名射手，金克丝是一个坦克，而亚索是一名法师——这样的画面简直难以想象。一般情况下（注意，此处只说最通常的理想情况），一名英雄的设计流程是先通过故事背景提炼角色特征，人设设计师根据角色特征设计角色形象，技能设计师再根据角色形象和故事背景设计技能。设计流程并非不变，也可以倒过来，技能设计师先根据自己对游戏的理解设计好技能，再交由人设设计师设计角色形象，最后由文案策划根据角色形象和技能撰写故事背景。

不管是以上哪一种设计流程，我们不难发现，角色形象和技能设计都是先后关系，当玩家在《英雄联盟》中看到布隆的大盾牌时，下意识就会认为"这是一名坦克"；当在《王者荣耀》中看到赵云的长枪时，就会认为这是一名战士。大部分玩家已经被各种各样的游戏进行过潜移默化的训练，因此游戏设计师在设计技能时，要使其技能特征尤其突出，才符合玩家的认知。

然而这也并不是绝对的，游戏设计中总会有那么一些空间是交由设计师自由发挥的，如果游戏设计师可以将自由发挥的空间利用得恰到好处，这往往能成为在市面上众多游戏中脱颖而出的重要特色。例如，《王者荣耀》中的"干将莫邪"，在形象设计上突破了一般 MOBA 游戏的惯例，

干将怀里托着妻子莫邪给人眼前一亮的感觉。其在技能设计上，也突破了以往的常规认知，近战法师以"剑气"进行普攻，技能则配合法师常见的 AOE 法术伤害，让干将莫邪成为《王者荣耀》中最有特色的英雄之一。

（6）技能描述要尽量避免复杂文字。

MOBA 游戏由于其技能元组成的多样性，以及复杂的动作和特效表现，其文字描述往往都极端冗长。这样的好处是可以让玩家有清晰且有逻辑性的理解，但对于只是想简单了解技能的普通玩家而言，这些冗长介绍往往让人苦不堪言。因此在撰写技能描述时，一定要注意语言简练，可采用以下格式：**技能概括性表现 + 作用目标 + 技能功能 + 具体数值**。

不难发现，简单而清晰的技能描述可以让玩家不用深入研读即可大致理解，并且方便游戏设计师与相关合作人员沟通，可以保证整个游戏研发过程的高效率。

（7）多多关注被动技能。

根据字面意思即可简单理解主动技能与被动技能的含义。所谓主动技能，就是玩家需要手动操作的技能；被动技能，则是玩家无须操作即可实现功能的技能。被动技能又分为需要后天手动加点的被动技能，以及先天即可使用但无法手动升级的被动技能。

现如今以 Dota 2、《英雄联盟》《王者荣耀》为主导的 MOBA 游戏中，关于被动技能的设计方法产生了一定的分歧。Dota 2 采用的是所有技能都需要玩家进行手动加点才能使用，而《英雄联盟》与《王者荣耀》则是另外一派，所有英雄出生时都被赋予了一个无须手动加点的被动技能。

孰优孰劣，本书不予评判，仅分析不同被动技能设计的细节，让读者根据自己的实际情况选择具体的设计方式。

《英雄联盟》和《王者荣耀》将被动技能单独作为一个技能，可以给英雄带来更丰富的可玩性，并为英雄的玩法定性。例如，当玩家看到亚索的被动技能"浪客之道"直接可以使其暴击率翻倍时，就立即知道亚索是一个"堆暴击"的英雄，因此玩家在出装的选择上会以带有暴击属性的装备为主，因为其被动技能的存在，可以让后期堆叠的暴击率获得比其他英雄更高的收益。

被动技能还可以作为英雄释放其他主动技能或增加防守能力的"支点"。例如，无双剑姬的被动技能"决斗之舞"直接与大招挂钩，当找出敌人的4处弱点后，就可对敌人造成更大的伤害，同时为自己提供加速和加血能力。

浪客之道 被动技能

百折不屈：亚索在移动的同时会积攒剑意——移动得越快，剑意的获取就越快。当剑意槽被充满时，在受到来自英雄或野怪的伤害的同时，亚索获得一层吸收100~475（于1~18级）的护盾。向死而生：亚索的暴击概率提升150%，但暴击伤害会降低10%。这个效果的计算顺序处在所有其他的暴击概率修正效果之后。额外暴击概率转化为攻击力的转化比：每1%暴击概率转化为0.4攻击力。

疾风剑豪 亚索

决斗之舞 被动技能

菲奥娜识别出敌方英雄身上的破绽。用一次攻击或技能命中这个破绽会造成额外的（3%+0.04%额外AD）最大生命值真实伤害，并为菲奥娜提供在2秒里持续衰减的20%移动速度，并回复（35~100基于等级）生命值。菲奥娜会在15秒后或是击中一个破绽后找出一个新破绽。

无双剑姬 菲奥娜

为英雄的玩法定性，可降低玩家对英雄可玩性的认知成本；与主动技能配合成为获得更强力技能的支点，可增加英雄的可玩性，提高技能带给玩家的兴奋度。这是为英雄单独设计一个先天被动技能的好处。

而被动技能出现的意义，更多是提升英雄的多样化和丰富性，对英雄的主动技能加以补充，同时降低玩家的操作成本。被动技能一般分为添加增益效果、触发型效果，以下展开介绍。

添加增益效果（又称"BUFF"），指对英雄某方面的能力加以补充。例如，《英雄联盟》中盖伦的被动技能"坚韧"，当盖伦离开战斗且没有受到伤害时，他的回血速度就会加快。这就是在某种情况下为英雄增加了一个增益效果的技能元，帮助英雄尽快提高某一项能力。寒冰射手艾希的被动技能"冰霜射击"，就为艾希的普攻和暴击增加了攻击目标后使目标减速并增加伤害的效果，这同样是一个 BUFF 类的被动技能。

触发型效果，一般与角色的行为和所接受的其他事件相关联，逻辑多为"英雄实施或受到某种行为的作用后，即可获得新的能力"。这句话比较拗口，结合如下的例子读者即可轻松理解。例如，塔里克的被动技能"正气凌人"释放一次后，下两次普攻将造成魔法伤害，减少他的技能冷却时间，此时"释放技能"就成为增加普攻魔法伤害和减少技能冷却时间的"触发条件"；每当金克丝攻击目标的3秒内，目标死亡时，她的攻速和移动速度会得到大幅度的提升，此处"当金克丝攻击目标的3秒内，目标死亡"就是"金克丝大幅度提高攻速和移动速度"的触发条件。还有一些更复杂的触发型效果，例如，阿狸的被动技能"摄魂夺魄"，当用该技能命中敌人时，就可获得一个充能效果，当充能叠加9次之后，阿狸再次命中技能即可为自己进行治疗。通过实际操作可以了解到，这个技能实际上包含3个触发逻辑：技能命中触发充能—充能叠加9层触发技能命中为自己治疗—技能再次命中触发治疗。这种嵌套触发逻辑，也是被动技能常见的设计手段之一。

而在《英雄联盟》中最著名的触发型效果当属"打3下"——只要进行3次普攻即可获得额外能力。例如，赵信的"果决"，每第3次攻击造成额外伤害并治疗赵信自身，又或者是蔚的"爆弹重拳"对相同目标的每第3次攻击会造成额外的物理伤害，赵信和蔚的"每第3次攻击"，就成为英雄获得额外伤害或者治疗的触发条件。

德邦总管 赵信

果决　　　　　　　　　　被动技能

每第三次攻击或使用风斩电刺命中敌人时都会造成额外15%AD物理伤害并回复6~74(于1~18级+10%AD+65%AP)生命值。

皮城执法官 蔚

爆弹重拳　　　　　　　快捷键: W

技能消耗: 0/0/0/0/0

技能冷却 (秒) : 0

范围: 750/750/750/750/750

被动:对相同目标的每第三次攻击会造成额外(4%/5.5%/7%/8.5%/10% +0.029%额外AD)最大生命值的物理伤害，移除目标20%护甲，并为蔚提供(30%/37.5%/45%/52.5%/60%)攻击速度，持续4秒。它还可缩短爆裂护盾3秒冷却时间。

还有只要进行 N 次普攻即可获得额外能力触发型效果。例如，卡莎的被动技能"体表活肤"，每第5次攻击造成额外伤害。卡莎和蔚的"每第 N 次攻击"，就是英雄获得额外伤害的触发条件。

虚空之女 卡莎

体表活肤　　　　　　　被动技能

苛性伤口——卡莎的普攻会叠加电浆，持续4秒并造成(5~23(基于当前等级)+15%AP)(1~12 (基于等级)+2.5%AP)魔法伤害。在4层时，卡莎的攻击会引爆电浆，造成额外伤害，伤害值为15%(+6%每100法术强度)目标已损失生命值(对野怪的最大值: 400)。友军施放在英雄身上的定身效果也会提供1层电浆。活体武器——卡莎的战斗服会适应她所选择的战斗风格并进化技能，具体进化哪个技能应基于装备和英雄等级的永久属性。

第 5 章

地图设计

在我们学习地图设计前，需要理解的是地图设计不仅仅是设计一张地图，
更是对游戏的核心机制、游戏流程、战斗节奏的构造。此时的游戏设计师，要化身剧本创作者，
通过地图设计，调动并控制玩家的情绪，达到让玩家开动脑筋、沉浸其中的目的。

5.1 塔防：MOBA 的基础

塔防类的游戏机制，对现在及之后的众多竞技游戏，都有着奠基者般的影响力。

MOBA 游戏中的地图基础设计最早成型于 *Dota*，而 *Dota* 一词是 Defense of the Ancients 的首字母缩写，直译成中文是"守护远古之地"。注意，开头第一个单词 Defense 的含义是"防御、守护"。因此，由 *Dota* 演变而来的众多 MOBA 类游戏，本质上仍然是塔防游戏。当今市面上的众多 MOBA 游戏，我称之为"多人对战类塔防游戏"。守塔与攻塔，是这类游戏永恒的主题。

塔防类游戏基本都以"消灭敌人的基地"为获胜规则。既然 MOBA 游戏的核心玩法来自塔防，那么与大部分的塔防游戏一样，大部分玩家试图理解 MOBA 游戏的地图时，会从表象的泉水、基地、防御塔、出兵点、各种野点去拆分。

但我们作为游戏设计师，则需要归纳性更强的分类，我将竞技类游戏地图分为<u>地图尺寸</u>、<u>阻挡、策略点、修饰物 4 个要素</u>。

接下来我将逐一为读者展开讲解，并在最后一小节中，逐一使用本章介绍的方法论，带着读者设计一张《MOBA 求生》的基础对战地图。

5.2 地图尺寸：玩家数量、游戏时长

5.2.1 玩家数量：阵营数及阵营人数

"敌对阵营数"是指游戏中可以互相攻击并产生有效得分的敌对阵营数量。每个阵营的人数是指一个阵营由多少玩家组成。5v5 代表的就是 2 个阵营，每个阵营最多为 5 人。而在 2020 年上市的《Apex 英雄》中则是 3×20 人的地图，意味着这张地图有 20 个小队（阵营），每个小队由 3 名玩家组成。

在 2017 年以前，大部分的竞技游戏都是 2 个或 3 个阵营，*WAR3* 和 *Dota* 的一些自定义地图最多可以有 4 个或者 8 个阵营。但是在 2017 年开始流行的"大逃杀"类游戏史无前例地将一张地图内的阵营数扩张到了 100 个，也就是说一局对战中，最多允许 100 个阵营的玩家互相敌对。这种混乱而又刺激的对战模式一经上线，就火遍全球，大量的游戏开发商开始设计研发超过 30 个阵营的游戏地图，这将是竞技游戏地图未来的重要趋势。

让我们梳理一下不同玩法中的敌对阵营数和每个阵营的玩家数。

即时战略： 1v1 是主流模式，2v2 模式在电竞早期的《星际争霸》《魔兽争霸》中还较为火爆，但由于观赏性和商业性比 1v1 模式弱，因此后期慢慢退出历史舞台。

MOBA： 5v5 是压倒性的主流模式，*Dota*、《英雄联盟》和《王者荣耀》皆为 5v5 模式，也有 3v3 的快节奏地图。在 *WAR3* 和 *Dota* 的一些自定义地图中，我们能看到《乱战先锋》的 3

方对战模式，虽然娱乐性较强，但因玩家总量不高，所以只能作为 5v5 模式的补充。

在 2016 年的 *Dota 2* 国际邀请赛决赛现场，Valve 隆重发布了 *Dota 2* 的 10v10 地图，宣布地图时全场掌声雷动。10v10 地图快速成为 *Dota 2* 自定义地图排名第一的地图，但没过多久，就逐渐走向冷落。根据坊间传言，MOBA 游戏之所以是 5v5 模式，是因为当时制作 *Dota* 的 WAR3 编辑器，最多只允许 12 名玩家参加游戏，其中 2 名玩家设定为双方的基地，剩下的 10 名玩家一边 5 名从而组成 5v5 的战斗。之后，5v5 的战斗模式就成为 MOBA 游戏的玩家习惯，所有的战术、策略的积累全部都是基于 5v5 模式。当玩家一旦建立了认知，任何挑战玩家习惯的方式都会受到巨大的阻力。我认为这也是始终没有 4v4、6v6 等新的阵营组合的最重要原因。

逃杀类：10~100 个阵营、每个阵营 1~4 个人是逃杀类游戏在正式竞技比赛中的主流模式。为了适应不同的玩家需求与娱乐场景，同时还有 50 个阵营、每个阵营 2 个人的双人组排模式和 100 个阵营、每个阵营只有 1 个人的单排模式。

很多时候，核心战斗中的阵营人数，并不是一定要由"科学计算"而得，更多的是一种习惯的培养。例如，在正式的足球比赛中，为什么一直是 11v11 的对阵方式？原因也很简单，就是现代足球诞生于 19 世纪的英国，当时英国的剑桥大学和牛津大学里每个宿舍都住着 10 名学生和 1 名老师，他们以宿舍为单位进行比赛，也就逐渐奠定了现代足球 11 人制比赛的基础。

因此，游戏设计师往往根据其期望设计的游戏类型和传统的游戏习惯规定阵营和人数，再根据总人数设计地图的实际尺寸。

5.2.2 地图的单位与尺寸

在不同的设计方式中，地图尺寸有不同的定义方式。更多的时候，我们需要根据阵营及人数来确定地图尺寸。而尺寸的单位，普遍使用米、码、英尺、英寸、1为基础标尺。

在写实风格的 3D 游戏中，不同国家的测量单位不同，米、码、英尺、英寸都可以作为基础单位用在游戏引擎中。其中，1 码等于 0.9144 米， 3D 角色设计师往往会先制作一个基础比例的模型，供其他角色和场景设计时参考。写实风格下，角色的比例往往会更接近真实世界中的人类特征，这个基础模型通常为 170 厘米的身高，7~8 头身的比例。那么地图的尺寸，就会以这个角色为标准进行测算。

以 1 为基础单位的尺寸中，1 代表 1 个格子的大小。格子的大小需多次根据角色进行调整，角色的垂直占地面积往往是 1 个格子或者 4 个格子。因此，无论使用什么单位作为标准，地图的尺寸都会以单个角色的身高及占地面积为基准进行设计。

然而无论选择米还是 1，地图的大小都会与"移动速度""弹道速度"相关。例如，在不添加任何附加属性与障碍物的情况下，以你设定的基础移动速度，角色从地图中的 A 点移动到 B 点的时间将直接决定游戏时长。

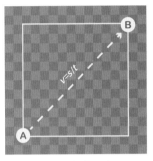

A 点到 B 点的移动时间，由 A、B 两点的距离和角色的移动速度决定

影响游戏时长的因素非常多，之所以放在地图设计的章节中介绍，是因为地图的尺寸会直接影响每一局游戏时长。想象一下，如果角色每秒移动 4 米，而地图中 A、B 两点之间的距离是 2400 米，则角色从 A 点前往 B 点就需耗时 600 秒，即 10 分钟，带入 MOBA 游戏里则意味着从泉水走到中路对线就需要 5 分钟。这样的话，一局《王者荣耀》的基础时间可能就是 2 个小时甚至更长。除非将角色的基础移动速度变为每秒 40 米，而这样的设定又会明显违背常识。牙买加运动员博尔特在北京奥运会上创造了 100 米 9 秒 69 的世界纪录，那么博尔特平均 1 秒可以移动约 10.31 米，而人类走路的大致速度为每小时 5 公里，则可得知现实中人类大约每秒可移动 1.4 米。大部分的竞技游戏为了营造紧张刺激的气氛，都会只设定跑动的动作。因此，可以折中一下：游戏中较为合适的移动速度 =（人类最快的跑步速度 + 人类平均行走速度）/2=（10.31 米 / 秒 +1.4 米 / 秒）/2 ≈ 5.9 米 / 秒。5.9 米 / 秒的速度是非常适合用在手机竞技游戏上的，玩家看起来会非常舒服，但这也是我个人经验，你可以根据实际情况进行调整，这完全取决于你希望给玩家传递一种什么样的"游戏情绪"。

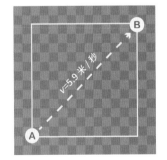

小贴士

"游戏情绪"类似于电影的节奏感。例如，《谍影重重》中只要出现伯恩的镜头，基本上他都在跑，并且是飞快地跑，从而给观众带来非常紧张刺激的观影体验；而另外一部电影《爱在黎明前》中的男女主人公，则是一直在慢悠悠地走，给人一种很舒缓悠长的情绪。因此，我所总结出来的 5.9 米 / 秒也只是一个"相对稳定值"，游戏设计师还需要根据自己的判断灵活使用。

5.3 阻挡：障碍物与路线设计

障碍物设计和路线设计是相辅相成的。障碍物的设计与摆放，自然而然地将玩家在地图中的移动路线进行了规划。要让玩家在地图中选择的路线由策略驱动，地图设计往往应包含如下特征。

5.3.1 多样选择

第 3 章，我们已经详细描述过竞技游戏的核心乐趣——让玩家在任何时刻，都可以有丰富的策略选择，这是促使玩家开动脑筋进行沉浸式思考的重要手段。因此，游戏设计师在设计竞技游戏地图时也同样需要遵循"给玩家以选择权"的原则。这要求竞技游戏的地图要给玩家足够的选择空间，尽可能不做单一路线，多做"叉路"，不做"死路"。

就好像做新城市规划一样，要根据游戏类型的不同，设定"主干道"，主干道要可以直接连接各个发生冲突的基地，让不同阵营的玩家可以明确地知道地图中的哪些路线可以快速进入战场和敌方基地。

为了给玩家更多的选择，主干道通常不止一条。在 MOBA 游戏中，主干道一般有 3 条，至于为什么有 3 条路线，虽然可以从结果去反推其设计目的，但究其原因仍是由大量玩家约定俗成的习惯。3 条直接连接双方基地的主干道被称为上路、中路和下路。由于分路的不同，玩家又将这 3 条主干道根据阵营的不同分为了相对的劣势路和优势路，并且根据这些路线对英雄进行了第 2 次定位，分为上路英雄、中路英雄、下路英雄。

与迷宫的设计路线类似，主干路的两边是走不通的，也正因为不可以通过，路在地图中才有存在的意义。

我们发现地图实际上被划分成了两个较大等腰三角形区域，C 点到 D 点没有直达路线，当玩家处于 C 点想前往 D 点的时候，应从 A 点或者 B 点绕一大圈，这样非常浪费游戏时间，并且减慢了游戏节奏。

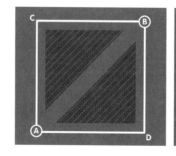
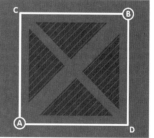

于是，我们需要在 C 点至 D 点之间开辟一条新的路线。

C 点和 D 点之间终于有了一条可以直达的主干道，但又出现了一个新的问题：区域被划分成 4 个三角形，但这 4 个区域目前仍然处于封闭状态，玩家根本无法进入。这导致地图上占有最大面积的区域被浪费。为了打开封闭区域，让玩家可以获得更广阔的移动空间，要在三角形的每条边上开一个口，让处在每条主干道上的玩家，可以随时进入三角形区域中。

于是，区域被打开，玩家可以灵活地在地图中的任何一个点找到相对较近的路线前往他要去的地方，最重要的是，无论玩家处在地图中 A、B、C、D 中 4 个点中的任何一个点，都会有 3 条分叉路供其选择，是战是逃，是守是攻，是撤退还是支援，驱动玩家根据战场情况思考应对策略。这就是竞技游戏中地图带给玩家的乐趣。此时整个地图的主干道也基本设计完毕。之所以说基本完毕，是因为除主路外，还需要思考区域内的"小路"。巧妙地把小路设计好，可以让地图内的细节更加丰富，挖掘出极具探索性的玩法，给玩家带来更多乐趣。

5.3.2 引发冲突

竞技游戏的最大乐趣，来自参与对战的是现实中的真实玩家。这些真实玩家是一个个具备思考能力，同时又富有真实情感的人，能让这些真实的参与者全身心沉浸其中的最大因素，是游戏设计师为他们安排的一个又一个冲突。当然，地图中可以引发冲突的要素有很多，例如，抢夺独一无二的资源点，或者争取更具优势的地理位置，都足以让玩家与玩家之间进行激烈的争斗。而要把这些争夺点串联起来，还是依靠道路的巧妙设计与规划。

上文中我们已经设计好了一个传统 MOBA 游戏的主干道，接下来要在其基础之上，在每个区域内设计小路。区域内的小路设计不仅要满足"多样选择"的要求，还同时要满足"引发冲突"的要求。那么如何才能在道路设计层面引发玩家产生更多的冲突呢？其实答案很简单，就是设计"道路交会点"，类似现实生活中的"十字路口"。

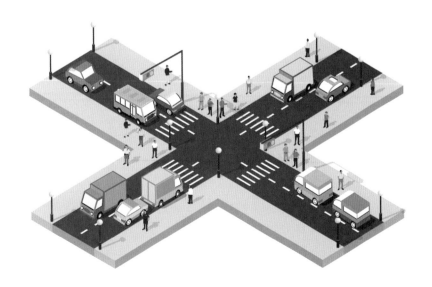

回到已经设计好的地图上，我们要为每个区域都设计一个这样的路口。地图中的 4 块区域，每一块区域有 3 个入口，现在要将这 3 个入口通过 3 条小路连接起来，并让这 3 条小路产生交会点。

我们会发现每个区域内都增加了 3 条小路，并且 3 条小路都在区域内形成了交会。那么玩家从 a、b、c 中任何一个路口进入后，都会遇到 2 个出口，可以选择从 2 个出口中的任何一个出去，甚至可以原路返回，这为玩家提供了更丰富的路线选择，直接加强了游戏深度。

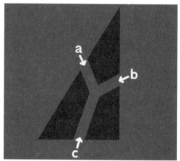

而更重要的是，当 3 条小路在区域中间交会时，极易造成玩家与玩家之间的撞面。为了进一步吸引玩家前来这个路口，我们可以在路口附近设置一个"唯一资源点"。

α 是该区域内的唯一资源点，而玩家前往该资源点只能通过 a、b、c 这 3 个路口。由于资源点的唯一性，可以想象当资源点内的资源每次刷新时，一定会吸引玩家前往，不同方向前来的玩家通过路口进入，再在道路交会处产生碰撞，经过激烈的争夺后只有 1 名玩家可以占有这个唯一资源点，这就实现了引发玩家冲突的目的。我们还可以想象，以后每当玩家从这 3 个路口进入区域时，由于道路交会处的未知而带来的不确定感，将会使玩家的肾上腺素飙升，从而让玩家产生冒险的感觉和沉浸式体验效果。

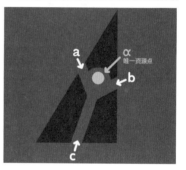

5.3.3　消除无聊感

在游戏中，要避免让玩家长时间地进行纯粹的行走或跑步动作，这对玩家的耐心会是极大的考验。玩家玩游戏，是为了消磨无聊时光，而过长时间的单纯移动，没有给玩家任何参照物或心流上的改变，玩家的情绪会逐渐下滑。当下滑超过玩家对于无聊的忍受临界值时，玩家就会放弃游戏。

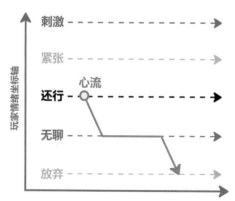

在这一点上，MOBA 游戏通常的做法是通过在沿途放置防御塔、野怪及各种岔路以缓解玩家移动时降低的心流。这种做法虽有一定的效果，但目前的 MOBA 游戏，从出生点走向地图中间的兵线，仍然是一件非常无聊的事情。为了适应现在越来越没有耐心的玩家，各种 MOBA 类型的游戏，尤其是手游，都会在出生点增加加速功能，让玩家控制的英雄可以更快地到达战场。

虽然跑步在游戏中本是一件非常枯燥的行为，但是玩家在《神庙逃亡》中会乐此不疲地不停跑步，并时刻能感受到紧张感。这得益于游戏在每一局一开始，就告诉玩家背后有大猩猩在追，不能让大猩猩追到成为整个游戏的第一目标，这也是贯穿整个游戏始终的最原始驱动力。

同时，由于路上有时候会突然转弯，或者遇到断路，玩家在防止被大猩猩追上的同时，还需要时刻紧盯屏幕以预防自己错过转弯或没跳过断路而摔出地图输掉游戏。因此，始终不掉出地图就成了玩家在游戏时的第二目标，这是驱动玩家保持专注的中枢驱动力。

沿途排列整齐的金币，则成为玩家在游戏中的反馈驱动力。玩家在跑动过程中只要触碰到金币，金币就会飞舞到界面上，快速跑动就产生了快速获得金币的视觉效果，这是系统给玩家保持专注力的奖励。玩家在游戏中付出了专注力，游戏就会反馈给玩家兴奋感。

在原始驱动力、中枢驱动力和反馈驱动力这三大驱动力的作用下，玩家即使明确地知道每一局《神庙逃亡》的结局都注定是输掉游戏，但仍然乐此不疲地一遍又一遍地在游戏中奔跑。

更有甚者，《绝地求生：大逃杀》的路线设计，玩家在几十分钟一局的游戏中，永远不会产生无聊感（某些玩家很难分清挫败感和无聊感，玩家在《绝地求生：大逃杀》中虽然极少产生无聊感，但很容易获得游戏机制导致的挫败感）。其通过以下几个方式完美地解决了移动中的枯燥感。

（1）极少有笔直的主干道，大部分的主干道都是弯弯曲曲的。

弯曲的道路，让玩家需要不停地根据道路的趋势进行预判与转向。参考赛车游戏，几乎所有赛道都有各种转弯，如何设计好各种弯道，让玩家在枯燥的行驶中获得乐趣，是赛车类游戏设计师设计赛道时的首要工作。

（2）除了极少数主干道，大部分的路都是起起伏伏。

与增加弯道一样，起起伏伏的路面同样可以使玩家在长时间移动中避免无聊感。起伏的道路很容易在玩家移动时造成侧滑、翻车等意外，玩家为了避免发生这些意外就会小心看路避免出错。与此同时，起伏的道路可以让玩家在潜意识中获得情绪起伏的效果，减少无聊感的产生。

（3）各种类型的交通工具加速移动过程。

不管是设置弯道还是把路面弄得坑坑洼洼，最直接减少移动时无聊感的方式就是提供更快速的交通工具。《绝地求生：大逃杀》中提供了防弹效果好但极度费油的吉普车，还提供了速度极快但极度容易翻车的单人摩托车等交通工具。这些交通工具只有一个目的，就是尽快让玩家到达目的地，这是最简单有效的避免移动时无聊感的方法。

更令人拍案叫绝的是新晋 FPS 融合型游戏《Apex 英雄》，其中竟然设计了滑索。玩家可以使用滑索加快自己的远距离移动速度。同样，《使命召唤：战区 2》内的载具选择，更是琳琅满目，代入感极强。

（4）所有主干道每过一小段就会有小岔路。

在玩家移动时，每一条支路都是玩家决策行为的一个判断节点，有的支路通往资源点，有的支路深处会有枪声，有的支路中可能埋伏敌人，还有的支路可以考虑占据。玩家在移动时路过每一条支路，实际上都在试图通过某些信息进行思考和判断。

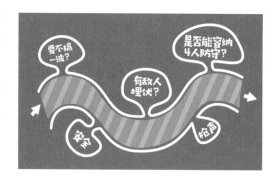

（5）各种各样的资源点、战略点、掩体集群等随着道路的延展星罗棋布地陈列在各种类型的建筑中。

玩家不需移动太长距离，即可找到资源点补充物资，或者抢占战略要地为下一波安全区的刷新做准备，还可以提前找好掩体做好埋伏，伺机干扰路过的敌人。玩家在移动时始终在获取信息、分析信息、处理信息，直到决策。这样的移动过程，就让玩家始终处在"有事可做"的沉浸式体验中。

（6）安全区刷新始终在倒计时，仿佛有人在催促。

逃杀类游戏中的"分阶段缩圈"机制，就如《神庙逃亡》中不停在玩家后面追逐的大猩猩一样，"毒圈"也会在某些情况下追着玩家跑，玩家只要跑不过毒圈缩小的速度，就会不停地掉血。因此，尽快远离毒圈，也就成为玩家的本能驱动力。

（7）丛林法则的游戏机制，玩家在移动时始终伴随着紧张感。

在《绝地求生：大逃杀》中，移动是最没有安全感的行为，因为角色移动时所产生的晃动的身影、脚步声，交通工具发出的噪声，本身就比较容易引起敌人的注意从而引起交战。在丛林游戏中，玩家都愿意扮演猎手而不是猎物，但在大逃杀类游戏中，猎手和猎物的角色时刻都在转换，并不会一成不变。因此，玩家在移动时始终保持高度警惕与紧张感，消除了移动所带来的无聊感，并使玩家的肾上腺素在移动时飙升。

5.3.4 非线性可循环，避免死路

如今人们的时间被各种游戏、App 等切碎，我小时候最爱玩的"迷宫"类游戏早已不再流行。在体验迷宫类游戏时，最大的挫折感来自好不容易在一条路里走了半天，结果发现这只是一条迷惑人的死路。虽然在很多传统 RPG 游戏中，迷宫类的死路仍然存在，但是在竞技游戏中，死路几乎是不被允许的。

没有死路，就意味着所有道路都首尾相接而没有尽头，玩家在地图中的任何一条路上都可以循环式地永远移动下去。

对比死路，循环式的路线设计方式，有如下好处。

（1）追击双方走进死路后，在不借助外力的情况下，追击在道路尽头就戛然而止，双方除了火拼没有任何其他解决方案，这使游戏策略非常单一，可玩性低，竞技性较差；而在循环式道路中，追击者可以提前预判逃跑者的移动路线，提前进行卡位；而逃跑者也可以在循环式道路中通过走位甩开追击者，甚至通过绕后成为追击者。

（2）在死路中，逃跑者在不借助外力的情况下，进入死路后就无处可逃，如果无法成功反击追击者，则必死无疑，没有翻盘机会，挫败感极强；而在循环式道路中，逃跑者不会遇到硬阻挡形成的障碍，只要对道路熟悉，就有足够多的机会离开危险区域。

（3）在多对多战斗中，死路中无法使用绕后、绕前、卡位、堵截等多种多样的战术配合，可玩性极低；而打通死路之后，攻守双方可以使用丰富的战术，极大地增强了游戏可玩性与随机性。

（4）进入死路的玩家想要走出死路，必然要原路返回，当玩家在一段时间中重复进行同样的游戏过程时，如果没有获得额外的奖励，玩家极易产生疲劳感；在循环式道路中，由于所有道路都是相通的，所以玩家几乎没有任何必要在短时间内重复相同的路线，减少了游戏中的无聊感。

在现如今的竞技游戏中，无论是 MOBA 类还是求生类，没有死路已经是最基础的地图路线设计要求。正如前文中设计的 MOBA 地图，无论玩家在道路中的哪一个点，都有很多种移动选择，玩家可以在道路中没有重复地自由移动，随意前往地图中的任何点。这种自由感带来了丰富的选择性，提高了游戏中战术的丰富程度，最大限度地挖掘了游戏的可玩性。

5.3.5　合理分区

在竞技游戏的地图设计中，往往会根据游戏类型进行各种各样的区域划分。清晰的区域划分，有以下好处。

有助于玩家将相对较大的地图，划分成若干个小区域进行有步骤的理解。

即使是地图边界巨大如《荒野大镖客：救赎2》这样的沙盒类游戏，也离不开各种区域的划分。将巨大的地图划分成若干个边界清晰的小区域，玩家无须一次性记忆整个地图，而是可以根据区域，一点点地探索。同时，可以将游戏内的总目标，结合划分好的区域，拆分成一个个小目标，分阶段完成。

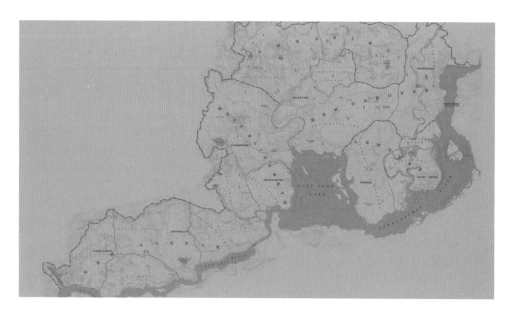

例如，《王者荣耀》中的地图区域划分，基本分为基地区、野区、河道、上路、中路及下路。玩家控制角色在这些区域之间移动，不同定位的角色会前往他熟悉的区域中活动。不同区域之间的玩家在前期发育时基本不会互相干扰，如果遇到敌人侵入，相邻区域的友军还可以互相支援（不守规矩的玩家除外）。

而《绝地求生：大逃杀》中，地图的区域划分就更加复杂了。以其经典比赛用图"艾格伦"为例，有类似 Y 城、G 港、飞机场之类的由大型房屋建筑组成的城市区域，有由各种小型或微型房屋零散组成的"野区"，还有连接大陆与岛屿的桥梁区域，更有山区、麦田等各种类型的资源区与战略区让玩家选择。玩家选择不同的区域，也就选择了不同的玩法，这样极大地提高了游戏的可玩性。在游戏一开始，玩家可选择前往大城市搜寻资源，虽然风险高，但比较容易在极短的时间内搜索到较为丰富的物资；也可以前往敌人较少的野区，虽然资源较少，但安全系数较高，并且可以一个野点一个野点分阶段地搜索物资。之后，在游戏中期，玩家可以选择麦田区域当"伏地魔"，还可以选择在高层建筑区域内对外进行"打靶练习"。总之，由于区域的划分非常清晰，玩家在一张地图内可以体验到若干种玩法，也许这正是《绝地求生：大逃杀》的魅力所在。

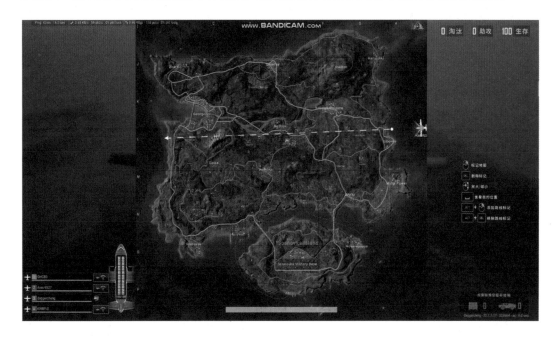

那么，游戏设计师应如何划分地图中的区域呢？

（1）地图中一定不要设计"绝对安全"的区域。

所谓绝对安全区域，是指无论随着战斗过程如何推进，区域内都不会发生冲突或者对战场中的单位造成影响。如果你设计的地图中存在这样的区域，请立即考虑改变，因为这种极度稳定的区域会使战斗变得非常无趣，玩家在战斗中为了获得安全感，会始终躲在这种区域内，不再参与战斗，时间久了，由于无事可做，玩家会感受到无聊。因此，地图中的所有区域，都必须拥有"正在发生冲突"或"等待发生冲突"的属性。例如，MOBA 游戏的泉水区，看似绝对安全，但随着战斗的推进，如果玩家始终待在泉水区不进入其他区域战斗抢夺资源的话，一方的势力会逐渐弱小，直到逐渐强大的敌人攻入己方的泉水区，此时的泉水区也就不再安全。

（2）要设计"相对安全"的区域。

玩家需要避风港以暂时离开战斗，哪怕只是非常短暂的休整。这和游戏的战斗节奏息息相关，同时还取决于你所期望规划的战斗时间。例如，《王者荣耀》中一般的对局时间为 20 分钟，如果玩家愿意的话，《王者荣耀》中随机刷血球的机制，以及买装备无须回城的机制，都可以让玩家一直在危险区域中战斗无须回到相对安全的泉水区域。但《王者荣耀》仍然和《英雄联盟》、*Dota 2*一样设计了泉水区域。保留泉水区的目的除了延续玩家在其他端游 MOBA 游戏已经养成的习惯，还为了给玩家在激烈的战斗中留出一个短暂的"相对安全区域"，不是所有玩家都能保持高度专注，回到泉水区进行短暂的心态休整，是非常重要的"课间休息时间"。

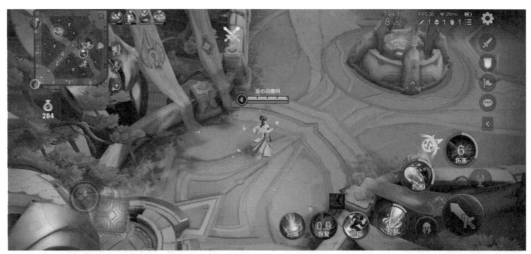

（3）安全区域与危险区域要根据战斗机制相互转换。

如第一点所述，地图中不要存在"绝对安全"区域，战斗中要存在一种机制可以让"相对安全区域"随着战斗过程的发展转换成为"危险区域"。这个转换过程如果较慢，说明游戏本身的战斗节奏相对缓慢，缓慢的游戏节奏可以让玩家的心理抗拒力降低，但要注意，过于缓慢的战斗节奏会拖长整个游戏时长；而如果转换过程较快，说明游戏本身的战斗节奏非常紧凑，紧凑而快速的游戏节奏会让某些玩家感到不适，但会让适应这种节奏的玩家感受到刺激。这完全取决于游戏设计师对游戏的玩家定位，并没有绝对的对与错。

PUBG 对局中的每一栋建筑都符合这一设计要求,当玩家在游戏中后期靠近任何一栋建筑时,该建筑就像"薛定谔的猫"一样,根据内部有没有敌人来判定到底是安全区还是危险区。玩家只有对建筑内的每一个角落进行探寻,才知道其是否真的安全,毕竟不知道在哪一扇门后,就埋伏着随时可能突袭的敌人。所以,想方设法调动玩家的情绪,是每位竞技游戏设计师每天都要思考的问题。

5.3.6 对称性与攻防关系

在 RTS 和 MOBA 游戏中,一般是两方对战。因此,为了"绝对的公平",地图中的设计往往是对称的,就好像象棋的棋盘,红方和黑方的格子数量、棋子位置是完全一样的。

整个地图的布局,蓝方和红方是完全一模一样的,路线、障碍物、资源点的位置,对阵双方是完全一样的。地图以左上到右下对角线划分,是完全对称的。但是需要注意的是,对称并不是镜像的。

对称型的设计除了出于公平性的考虑,还有一个好处是明确了攻防关系,让玩家只需要通过自己在地图中的位置即可清晰判断自己当前处在攻方还是守方,并且攻防转换的速度也因此而变得更快。

在足球或者篮球比赛中,当守方截断攻方的进攻后,会就地组织进攻,对阵双方的球员会在球权易主的一瞬间立即改变攻与守的关系,此时不仅球员会争分夺秒地快速行动,同时会感染赛场周围的观众。任何比赛中,攻防关系转换的次数越多,比赛也就愈加的精彩。与

球类游戏一样，电子竞技中的对称型地图也呈现这一特征。

其中，最具代表性的莫过于《英雄联盟》里的"中路对线"和 MOBA 游戏中的"对线"，游戏的乐趣基本上都是由攻守转换带来的。韩国电竞明星 Dopa 曾发布过两期介绍中路对线技巧的教学视频，在视频中 Dopa 控制的"卡牌大师"与敌方的"小鱼人"在地图中路互为攻守，Dopa 时而控制自己的英雄暂时防守以谋划对自己更有利的局面，时而果断出击甚至不惜承受更多的伤害，以遏制敌方英雄的发育。在完全对称的地图中，心理、策略、操作等多种元素的加入，使对阵双方攻守转换得更加频繁，直接提高了游戏深度，更易控制玩家的心流变化。

5.3.7 点

以 MOBA 为代表的塔防类游戏基本都以"消灭敌人的基地"为获胜规则，这类游戏的地图通常由如下部分组成：基地、防御塔、出兵点、路线、资源点。"点"是棋类游戏的最基础坐标，所有棋类游戏都可以理解为"点的游戏"。与棋类游戏一样，MOBA 游戏与求生类游戏都是以"点"为游戏地图基础元素，供玩家展开策略思考与战术执行。在本章的前半部分，我们详细介绍了竞技类游戏中关于"线"的设计方法，在本章的后半部分我们将根据游戏带给玩家的策略深度，逐一介绍不同类型的"点"的释义与设计方法。

竞技游戏中的"点"大致可分为如下 3 大类型：**资源点、战术点、胜负点**。

1. 资源点

<u>供玩家在对局内积累资源而获得成长。</u>

在 MOBA 游戏中，资源点分为野怪刷新点、敌方小兵汇集点等。资源刷新点还会以全地图中的唯一性与否分为"全图唯一资源点"及"全图不唯一资源点"两种。

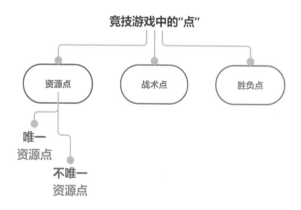

"全图不唯一资源点"，一般会在地图左下和右上两边分别设置一个，供对战的双方玩家分别获得，目的是让双方的玩家都可以平均获得应有的资源。《英雄联盟》中的"蓝 BUFF""红 BUFF""毒蛙"等野怪都是全图不唯一资源点。与此同时，也给了双方玩家偷取对方资源的可能，玩家可以利用策略和操作出奇制胜，及时抢夺对方野区的资源点，限制对方成长的同时增加己方成长的速度。

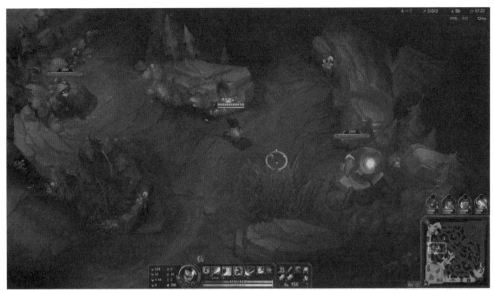

地图中的"大龙"和"小龙"，就是"全图唯一资源点"。该资源点每一次刷新时，只有一方玩家可以完全获得，并且最终获得唯一资源点的一方将获得巨大的成长优势，因此也必将是引发对阵双方产生剧烈冲突的矛盾激发点。《英雄联盟》的设计师在设计这些野怪的时候可谓煞费苦心，单单一头小龙就有 6 种分类，玩家击杀 4 头小龙后还会有额外的龙魂属性加成，并且在击杀 2 头小龙后，整个地图都会发生变化。例如，刷新水龙会在地图上新增不少草丛；刷新火龙则会炸碎壁垒，烧光草丛；风龙会将小路变成风道，玩家穿过这些风道会获得加速；土龙会在地图上生成新的障碍物；炼金龙会让地图上的果子变异；海克斯科技龙则会在地图上制造传送门。

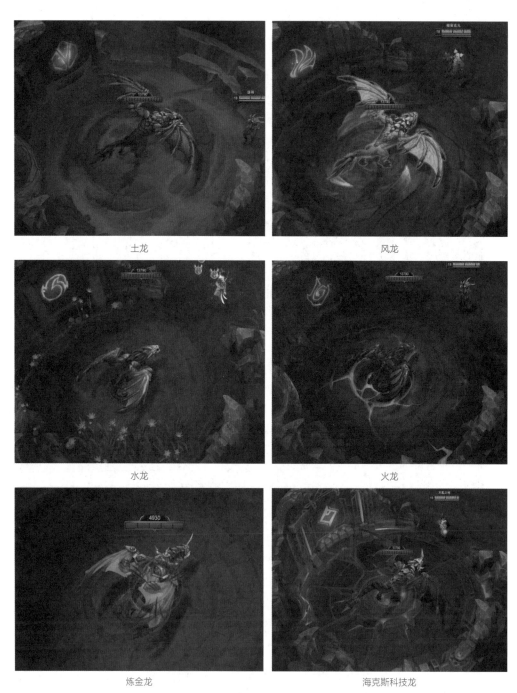

土龙　　　　　　　　　　　　　　　　　　风龙

水龙　　　　　　　　　　　　　　　　　　火龙

炼金龙　　　　　　　　　　　　　　　海克斯科技龙

136

与 MOBA 游戏中的资源点完全固定刷新方式有所不同的是，大逃杀类游戏的资源点则是"在大局上必然，在细节上偶然"。这句话的意思是，玩家都知道某一栋楼肯定是资源刷新点，但是刷新的东西具体是什么则完全不可知，也许有的玩家会总结规律"某某建筑必刷某物资"，可这只是主观感受，并非客观事实。因为资源点所刷新的资源完全是随机的，这就导致游戏内的每一局都会多少有所不同，玩家每次进入同样资源点所获得的产出内容、产出时间都是未知的。例如，地图中有交通工具刷新点，但该点每一局是否会产出什么载具则是完全随机不可捉摸的，这导致玩家即使两局都前往同一交通工具刷新点，也未必能每次都如愿以偿。这在提高可玩性的同时也提高了游戏难度，玩家必须快速准备多种策略，以应对各种随机情况的发生。

2. 战术点

在对战中可以起到扩大己方优势而降低敌方优势的点。

"战术点"的解释乍一看有点复杂，其本质就是"可以扩大己方对局优势的点"，一般包括入场点和出场点、防御点、藏匿点、可互动障碍物。

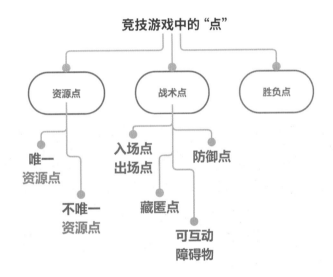

（1）入场点和出场点

在 MOBA 游戏中，整个地图中的入场点和出场点分别为己方出生点和敌方出生点。不管是 Dota 还是《英雄联盟》，敌我双方的出生点清一色都是地图中最长对角线的两端，我们可以称出生点为整场对局的入场点，玩家从入场点进入战斗，要想赢得战斗就必须攻入敌方的出生点附近。如果是局部战斗，每个区域的路口都可以成为区域的出入点，这为游戏扩展了灵活性。

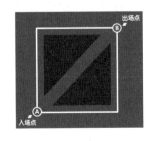

在求生类游戏中，入场点则又有所不同。从整场战斗来看，入场点是由玩家在航线所能覆盖的范围内自己选择的。而从局部战斗来看，入场点是安全区圆圈边上的某个点，如果选择得好，不仅在入场时不会遇到敌人，还可以在掩护好己方的同时攻击敌人；如果选择得不好，可能还没有靠近安全区，就已经被击杀而输掉游戏。这再一次显示了大逃杀类游戏通过提供丰富的选择而使战斗本身充满不确定性因素。

（2）防御点

防御点是玩家为了防守自己的阵地而存在的系统安排或手动选择的防守位置。

所谓系统安排的防守位置，在 MOBA 游戏中，是每一方都存在的防御塔。这些防御塔共同守卫了己方基地内的水晶塔，玩家会想尽一切办法来守卫防御塔不被敌人摧毁。

在大逃杀类游戏中，当安全区缩小到一定程度的时候，易守难攻的建筑物、掩体位置等变得非常稀少，占据这些位置的玩家势必会非常认真地保卫位置点，谁也不愿轻易丢失。而此时进攻方则会想尽一切办法抢夺这些优势防御点，以保障自己在后续的战斗中获得优势防御位置。

而所谓的手动选择的防守点，是指在地图设计时并未刻意凸显但仍在地图中具有非常重要作用的位置点。例如，在MOBA 游戏中重要资源产出点的周围，玩家往往会使用"插眼"提前防备敌人抢夺资源。

但我们设计地图时一定要注意，在设计防御点时一定要留有破绽，否则就成为"绝对安全区"。如前文所述，在竞技游戏的地图设计中，永远不要设计"绝对安全"的区域，这样会让游戏变得非常无趣。

（3）藏匿点

与防御点有所不同的是，玩家选择藏匿点的动机较为复杂，一般分为"暂时隐蔽"或"伺机进攻"。例如，草丛是《英雄联盟》和《王者荣耀》中最常见的藏匿点，玩家既可以在草丛中等待敌人路过给予突然袭击，也可以在自己处于对战劣势时暂时离开战斗，躲避攻击。Dota 中的树林也具备同样的作用，玩家可以藏在树后绕过敌人的视野，起到藏匿的作用。

而根据"有矛就有盾"的游戏基础设计理念，藏匿点也并非"绝对安全"的区域，MOBA 游戏中的"插眼"、《绝地求生》中的"手雷"，都是帮助藏匿点外的玩家试探藏匿点中是否有人的方法。这样的克制关系让游戏的策略性变得更加丰富，可玩性大大加强。

《英雄联盟》中在草丛"插眼"可以发现敌人

（4）可互动障碍物

障碍物是规划地图中各种路线的重要因素。而游戏作为互动性极强的娱乐方式，我们不禁要问：路线为何不能让玩家在实际战斗中自己开辟？为何障碍物不能与玩家互动？当游戏中拥有这样的设计后，玩家对游戏的深度探索会进一步提高。

《堡垒之夜》在可互动障碍物上的设计就非常有特色，玩家可以搭建楼梯、围墙给自己做掩护。

《堡垒之夜》砌墙

除此之外，Dota 2 的地图中很多区域被树覆盖，兽王的"野性之斧"、伐木机"锯齿飞轮"等技能或者装备效果，都可以将树木砍倒从而将游戏中原有的障碍物清除，改变地图内的可移动区域。《绝地求生》里的开车撞围栏、《坦克大战》里的打碎墙体，都可以起到类似的作用。

还有一种与障碍物互动的方式与技能相关。例如，《英雄联盟》中的召唤师技能"闪现"可以直接穿越部分较薄的障碍物，同样锐雯的"折翼之舞"（俗称"3 段 Q"）在第 3 次释放时，也可以穿越一部分障碍物，使玩家在追击与被追击时产生许多变数。巧妙地利用可互动障碍物可以增加游戏的趣味性，提升玩家的兴奋感。此时，障碍物的形状与属性也成为障碍物是否能与玩家产生互动的因素之一。

3. 胜负点

顾名思义，胜负点就是地图中用于判定哪方阵营获得胜利的关键点。例如，《星际争霸》和《英雄联盟》中的主基地、《炉石传说》的英雄、《绝地求生》最后的小毒圈，这都是用于结束对局的胜负点。胜负点看似习以为常，却是我们在设计游戏时最需要优先考虑的，它决定了一盘游戏何时结束，也是决定一局对战所用时长的关键要素。

5.3.8 修饰物：阵营装饰、标志物

地图内的装饰设计，本应是在美术人员的职责范畴，但作为游戏设计师，则要提前考虑好一些会对玩家造成策略影响的视觉部分。地图中的视觉元素有很多，设计师最需要关注的，则是阵营装饰和区域标志物。

Dota 2 是把阵营装饰做到了极致，天辉和夜魇不仅仅是出生点效果有巨大的差异，甚至连防御塔、树木、地表等细节元素也做出了明显的区别。

通过强大的美术表现力，*Dota 2* 做了清晰的阵营区分，并加强了地图中不同区域的表现力，当玩家熟悉地图后，不用特别关注小地图，只需要看到自己所处位置周围的视觉表现，就可以更有效率地明确知道自己在整个地图的具体位置。

Dota 2 天辉方基地

Dota 2 夜魇方基地

141

5.4 设计《MOBA 求生》的基础地图

我们可以尝试来一次头脑风暴，想象一下如果将 MOBA 游戏内的英雄嫁接到生存逃杀类的玩法上，这样一款游戏的地图大概会呈现怎样的样貌呢？接下来，我将按照前文所讲述的地图设计方法，与读者共同设计一款名为《MOBA 求生》的游戏地图。

5.4.1 设计地图大小

（1）定义游戏内的基础单位。《MOBA 求生》为了适应更广阔的游戏市场，以及更切合移动平台的普遍审美风格，在立项之初，就决定采用 Q 版的视觉风格。而 Q 版的游戏风格，多是 2~4 头身的比例，此时角色的身高就无法再以现实生活中的真实情况进行标准尺寸的量化。我们会使用 1 个角色的最大占地面积为 1 格作为基础单位。

（2）定义角色的标准移动速度。前文中，经过计算，每秒移动 5.9 米是游戏中较为舒适的移动速度。假设一个写实角色的标准身高是 1.7 米，那么 5.9 米 /1.7 米 ≈ 3.5 倍，这意味着每秒移动 3.5 倍于角色标准身高的距离或许可行。经过比照，《MOBA 求生》中的角色基础身高约为 1.3 格，因此先将《MOBA 求生》中角色的移动速度定为 1.3 格 / 秒 ×3.5=4.55 格。

小贴士

这里需要简单解释一下，当你在游戏设计中遇到一个新问题，不知该如何解决时，本书所讲述的所有游戏设计方法，将为你解决问题提供理论参考。但理论终归只是理论，我们仍需要根据游戏的实际体验对设计进行调整，直到实际体验符合既定的市场定位。

将 4.55 格 / 秒的移动速度输入实际程序中我们会发现，由于角色是 Q 版的，身高以及四肢都普遍较短，每秒 4.55 格的移动速度就显得有点太快了。同时，我们还要为游戏中一些增加移动速度的属性加成留出空间。经过调整，2 格 / 秒左右的移动速度，是目前看起来比较舒服的。因此，将 2 格 / 秒定为游戏中角色的基础移动速度。

（3）定义游戏的基础游戏时长。目前市面上的手机竞技游戏的时长多种多样，以《王者荣耀》为代表的"标准 MOBA"游戏时长为 15 分钟。因此，我将《MOBA 求生》的游戏类型定义为"轻度 MOBA 类"游戏。在第一版中，我希望将整体的游戏时长定义在 10 分钟以内，这将更有利于打开市场。

（4）定义游戏内的阵营与人数。以《绝地求生》为蓝本，该游戏的参与人数为 100 人，游戏最长时间为 38 分钟。以单排、双排、四排进行阵营划分可分为 100 个阵营、50 个阵营、25 个阵营。而在移动平台中，由于手机配置和无线网络不稳定所带来的客观条件限制，100 名玩家同时在一张 8×8 公里的超大地图内进行 38 分钟的对战变得不太现实。

既然游戏时长定义在 10 分钟以内，我们就以《绝地求生》最后 10 分钟的战斗节奏为参考，暂定一局对战最多为 36 名玩家，每个阵营最多为 3 人，最多 12 个阵营。

（5）定义地图尺寸。如前文所述，我们已经获得了游戏的基础移动速度、基础游戏时长、单局最多玩家数与阵营数，此时距离获得第一版的大致地图尺寸不远了。

我们要让 36 名玩家都至少可以在地图中获得 1 个格子的位置，那么地图尺寸的最小值则为 36 格，一个正方形的地图是 6×6 的大小。

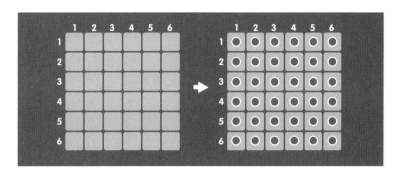

尽管竞技游戏地图设计的首要特征是鼓励玩家以发生冲突，但上图中每个格子中的玩家完全没有任何移动的空间，所有相邻的格子都站满了人，玩家不仅没法移动，甚至没有任何可以获得成长的空间，这显然不符合我们对游戏的期望。

因此，先假定每个玩家至少移动3秒后才能遇到其他玩家，设定每秒的移动速度为2格，玩家之间至少需要6格的间距，则地图的正方形边长为48格。

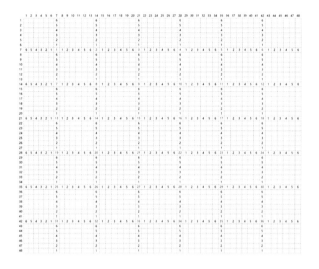

一般情况下，游戏内只要涉及尺寸相关的数据，都会以2的幂次方为最优解。这是因为在游戏开发中，2的幂次方作为参考几乎无处不在，我们现在并不知道随着游戏开发工作的深入未来会有怎样的调整，只知道调整一定是不间断的，所以提前以2的幂次方作为尺寸基础，可以更好地应对游戏开发与调整中的各种未知情况。

前面我们得出了边长48格的正方形，48这个数字并不符合2的幂次方的标准，在2、4、8、16、32、64、128等数字中，最接近48的数字为32、64两个选项，而我们还要考虑障碍物及其他地图零件，所以选择64这个数字为第一版地图设计的标准尺寸。

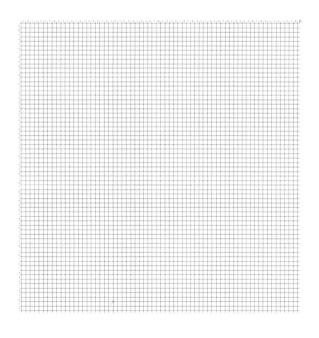

5.4.2 规划区域

由于是手机游戏，简化操作和使游戏节奏更紧凑是必要手段，因此将端游大逃杀类的城区、林区、山区等进行抽象继承，并浓缩为**出生区、资源区、藏匿区**。

（1）**出生区**。在端游大逃杀类游戏中，出生区看似是由玩家自己选择的，但实际上由于航线的不确定性，出生区依然充满随机性。而在对局早期引发冲突，又是大逃杀类游戏的核心乐趣点之一。因此，我将把整张 64×64 格的地图划分成大小不一的 64 个区域。这并没有打破前文中约定的"平均每个玩家都能占有一个 6×6 区域"的设定，因为平均是相对的，我们要让部分玩家在开局就尽快碰面，尽快战斗。

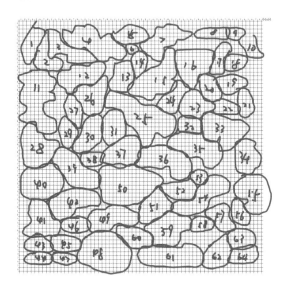

玩家在各区域中随机"出生"，相邻区域是否有敌对玩家是完全随机的，完全看玩家的"运气"。这样的改动虽然弱化了玩家的自主选择性，但加强了不确定性带来的兴奋感。

（2）**资源区**。由于开门的动作在手机上实在是难以简化，因此我们把端游中的"门后是什么"改为"箱子中是什么"，把由建筑物组成的城区转变为由箱子组成的分散在地图中的资源产出点。橙色的方格都是可以产出道具的箱子。

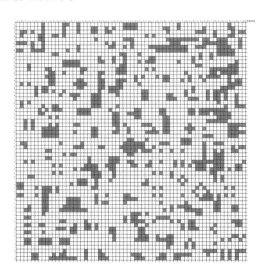

当玩家落地后，砸碎箱子获得随机道具，将代替端游中开门的操作，虽然操作有所不同，但获得的心理暗示是一样的。这里参考长盛不衰的经典游戏《泡泡堂》中的炸箱子动作。

《泡泡堂》中用炸弹打开箱子以后，会获得各种道具。

（3）藏匿区。如前文所述，处在藏匿区的玩家会同时获得暂时的安全感和伺机待发的偷袭感两种情绪，所以藏匿区的设计是非常重要的。这里将 MOBA 游戏中最常见的"草丛"元素铺在地图的各个区域中。绿色的方块为草丛。将"草丛"与资源区组合在一起，就形成了地图的雏形。

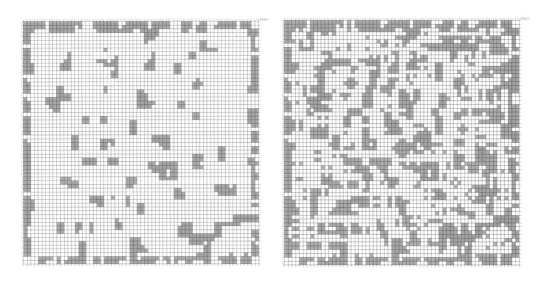

当出生区、资源区、藏匿区规划好后，实际上游戏地图中的基础要素也就基本设计完成了，并拥有了一定的可玩性。但如果想设计出一个好玩的游戏，这还远远不够，还要对玩家的行为进行引导。接下来，我们要放置各种引导元素。

5.4.3 填充元素

在玩家出生区的规划中，已经完成了 64
个区域划定，又通过资源区和藏匿区大致将
游戏中可以互动的部分完成。此时要把 64 个
出生区使用的硬阻挡更明确地展现给玩家。
灰色部分为硬阻挡。

需要注意的是，所谓的硬阻挡，是无法
让玩家击碎的，因此绝对不能让硬阻挡封闭
任何出生区，否则玩家会被困住，失去游戏
的意义。与此同时，《MOBA 求生》的地图
已经看起来像个样子了，玩家在地图中的任
何一点都可以自由移动到地图其他点上，当
玩家站在任何一个路口中，总是能找到两条
以上的路线选择，游戏深度也得以体现，游
戏的重复可玩性得到提高。

但我要给玩家制造一些小小的困难，让
玩家在选择路线时付出一定的成本。这是因
为当玩家没有付出成本就可以轻易获得一些
奖励的时候，玩家对其做出的选择并不会获
得任何成就感，于是我要在地图的所有路口，
放置"软阻挡"，即地图中的蓝色方块。

所谓"软阻挡"，是可以被玩家破坏的
另一种障碍物。我希望玩家在参与追击的过
程中获得来自地图的互动，玩家可以冒险在
草丛中移动，又可以花费很短的时间打碎软
阻挡前进，一切都是玩家的选择，不同的选
择会产生不同的结果反馈。游戏的可玩性，
就是这样在玩家的"选择—行动—获得反馈"
中获得增进。

让我们看看在每个路口加入软阻挡后的
效果。

此时，地图中已经没有任何不需要互动
就可以行走的路线了，并且软阻挡也随时可
以加入一些特殊的掉落道具。但要注意的是，
加入掉落以后，软阻挡就会转化为资源刷新

点，玩家会被掉落引导而选择多击碎软阻挡，从而选择进入草丛的玩家就会减少。草丛是比路口更加危险的区域，然而越是危险的区域，越容易引发玩家的冲突，我们反而应该在草丛中放置奖励，鼓励玩家进入草丛，也就是鼓励玩家发生冲突。

前文提到了追击，它是大部分竞技游戏中最常见的元素，也是组成玩家游戏乐趣的基础要素之一。而如何设计好追击，又是一个容易被游戏设计师忽视的问题。设计追击过程时，控制追击双方的速度变化会带来非常显著的效果。我们已经使用了草丛、路口软阻挡等手段控制追击节奏，为了再次加强游戏的可玩性，我决定引入"减速带"元素。

所谓"减速带"，是指玩家进入某个划定好的区域后，会降低移动速度，但并不会完全停止移动。追击的双方中，被追击的一方一定要时刻注意不要进入减速带，而追击的一方由于在位置上落后于被追击方，因此特别期望他所追击的目标进入减速带。减速带既让前者投入了更多的专注力，又给后者带来了一定的期待感，而最重要的是减少了追击的过程，过长时间的追击会让追击双方感到疲惫和无聊。我把减速带安置在了路口与草丛附近，并取代了部分硬阻挡，这又可以让地图中的部分区域看起来更宽阔，减少局促感。

至此，第一版地图中的可互动部分已经基本设计完成。整张地图中包含了草丛、资源刷新点、减速带、软阻挡等必备元素，却产生了新的问题：当玩家在地图中的出生区域中进入战斗，同时在地图中移动的时候，在不借助其他方式（如小地图）的情况下，玩家如何才能明确知道当前在地图中的位置？因此，我们需要加入类似城市"地标"一样的标志物。标志物不能在地图中排列得过于密集，否则就失去了它存在的意义；同时也不能排列得过于稀疏，这样玩家还是会存在迷惑。在手机游戏中，最佳的排列方式是每个屏幕都能看到一个标志物的存在。因此，在放置标志物前，我们要先定义"视口"。

所谓"视口"，简单来说就是玩家的手机屏幕内可以显示的内容。视口不可过大，那样会导致玩家对自己所控制的角色产生距离感；视口又不可过小，这样会导致玩家在屏幕内获得的信息不足而产生压抑感。所以视口的大小要经过多次调整，既能充分传递信息又不会让玩家产生距离感。

在合理的视口大小下，玩家基本上能同时看到两个区域，信息量已经较为充足。在标志物的放置上，基本也做到了无论视口怎么移动，总是能看到或至少掠过一个标志物（在地图上显示为黑色）。这样的设计，就暂时满足了游戏要求。

现在，我们才真正意义上将《MOBA 求生》的第一版地图设计完成。地图中有路线、资源刷新点、藏匿点、障碍物、标志物等地图设计必备要素。我们可以将地图交由场景美术工作人员进行视觉化和风格化的打造，但这仅仅是第一步。地图作为竞技游戏可玩性最重要的环节，是需要持续调整、不断迭代的。这和任何一款竞技游戏的发展一样，永远都不会有"绝对的完美"。

第 6 章

游戏系统

前文中，我们用数万字的篇幅详细讲述了一款竞技游戏的核心战斗部分。
接下来，我们要转变视角，离开战斗核心，了解竞技游戏之所以能让玩家欲罢不能的另一个
重要元素——游戏系统。

6.1 社交：竞技游戏的第二核心

游戏系统是一个可大可小、可复杂可简单的"逻辑嵌套体系"。所谓"逻辑嵌套体系"，是指任何完整的游戏系统，都会有若干个独立的小型系统互相穿插连接。

竞技游戏系统的类型非常多，但加以概括，则可以分为如下5大类：社交、匹配、排位、付费、成长。这些系统既独立，却又彼此连接。每个类别都分别有自己独立的运作逻辑，又会暴露出一些接口互相穿插引用。如果我们可以将这些系统巧妙地组装起来，这对游戏内玩家的长期留存将起到惊人的正面作用。

6.1.1 组队模式的意义

放眼当今社会，我们会发现最精彩、最刺激的运动，往往都是团队型运动。例如，足球、篮球、排球，每个队伍都是由两名以上的队员组成。同样的，在电子竞技中，我们会发现单人竞技的游戏，无论是受众规模还是战斗的激烈程度都不如需要团队配合的游戏。

这样的特征就导致了目前全球范围内的顶级电子竞技赛事，多是 MOBA 和 FPS 的多人竞技，而《炉石传说》《皇室战争》等单人赛事的影响力和发展规模，就会略逊一筹。

![ESPORTS CHARTS - Popular esports games in 2022 by viewership]

	Name	Type	Prize Pool	Peak Viewers		Tournaments Ongoing / Total
1	League of Legends	PC / Console	$7 793 238	05 Nov	5 147 701	252
2	Mobile Legends: Bang Bang	Mobile	$2 818 910	09 Apr	2 845 364	160
3	Counter-Strike: Global Offensive	PC / Console	$15 624 936	22 May	2 113 610	511
4	Dota 2	PC / Console	$32 524 987	30 Oct	1 751 086	158
5	Valorant	PC / Console	$7 306 850	18 Sep	1 505 804	512
6	Free Fire	Mobile	$6 861 033	21 May	1 477 545	Ongoing: 1 / 150
7	PUBG Mobile	Mobile	$24 717 342	22 May	903 011	339
8	Apex Legends	PC / Console	$6 603 190	01 May	676 653	286
9	Arena of Valor	Mobile	$18 645 260	09 Oct	644 383	49
10	Fortnite	PC / Console	$12 604 180	03 Apr	557 722	72

2022 年电竞比赛峰值观众数前 10 名，无一例外全是团队竞技游戏。

那么，团队竞技与单人竞技之间的这种差距又是由什么造成的呢？

大部分单人竞技游戏的策略深度和观赏性都远不如团队游戏。游戏往往能带给玩家技术、策略和配合 3 种类型的深度体验。技术考验玩家的反应速度和应变能力；策略考验玩家对核心战斗的理解，对地图、局势的分析能力，以及解决当前问题的能力；配合则会促进友方阵营的玩家合作，感受齐心协力实现目标的乐趣。所以，团队游戏除能给玩家带来策略与技术之外，更重要的是团队配合的体验乐趣。

竞技游戏之所以能带给玩家沉浸式体验，是因为游戏内存在着大量的博弈点。

所谓博弈，是指两名玩家在同样的环境下，通过一定的方法，做出对自己绝对有利的决策。而当参与博弈的各方人数增多以后，博弈结果的不确定性也就变得更大。这种不确定性除给参与者带来更强的游戏驱动力外，也让他们对结果有了更多的期待。

人是社会性的动物。竞技游戏存在的意义，往往就是为朋友之间的娱乐找到一个楔子。就好比有的人喜欢用吃饭、喝酒、聊天、唱歌以增进朋友之间的感情，而有的人则喜欢通过打游戏，其本质上和相约去踢球、打牌没有区别。游戏虽然只是存在于虚拟世界中的一种娱乐工具，但会给人们带来真实的情感体验。虽然游戏内获得的各种力量、道具是虚拟的，并不能带到现实社会中，但是在获得胜利的一刹那，其所带给人的或兴奋或沮丧的情绪反应是真实存在的。而这种真实感，会由于战斗中真实玩家的增多而营造得更加真实。

人类参与各种社会性娱乐活动，早已不再是以单纯的活动本身为目的。例如，晚饭后好友相约去酒吧小酌，喝酒这个行为本身其实只是好友之间沟通情感的一种基础，这个基础可以转换为各种其他活动，比如去 KTV 唱歌、打球、旅游等。当今社会需要丰富多彩的娱乐活动，来帮助人们建立更加紧密的情感联系。

而两名玩家之间的"打打杀杀"，总会有失败的一方。如上文所言，虽然是虚拟世界的失败，但仍然会让玩家感受到真实的挫败感。而团队竞技，则会减少单人游戏时的受挫感，增加由团队带来的安全感。例如，MOBA 游戏中，上单面对敌方强势英雄而显得势单力薄、孤立无援之际，打野或中路英雄能来上路支援，则会立即转变局势，从原来的 1v1 变为 2v1，原先势单力薄的弱势方，则转变为强势方，而这样的局势转变，也只有在团队竞技型游戏中才能出现。

6.1.2 战术分配

只要是团队竞技型游戏，就一定离不开战术分配。团队中的每个人的爱好都有所不同，有的人喜欢在战斗时冲在队伍最前面与敌人展开正面厮杀，也有人喜欢在队伍最后释放冷箭。我们在设计战斗时，要充分考虑不同玩家的喜好需求，让每个玩家都能在战斗中找到自己的位置。

目前市面上主要存在 MOBA 类和"生存类"两种类型的团队竞技游戏。接下来，我们简单了解一下不同战术体系下，如何划分玩家的位置。

1. *Dota* 的战术分配体系

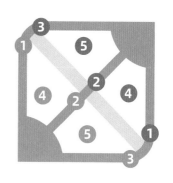

Dota 是 MOBA 游戏的奠基者，其战术体系在不断的演变过程中也发展得越来越复杂。但不管如何变化，*Dota* 奠定了"一张正方形地图"和"上、中、下 3 条路"的游戏机制。依据地图的设计，*Dota* 中将玩家分成了 1 号位~5 号位。

1 号位：又称"Carry 位"，简称"C 位"。C 位的主要工作是在对局前期要尽可能地快速发育，让自己在整场战斗的中后期尽早领先敌人的 C 位英雄达到装备成型。在 *Dota* 中，C 位是团队中的核心输出点，常见的 C 位英雄有蛇发女妖、敌法师、幽鬼等。这些英雄极度依赖装备和自身技能，一旦资源获取到位、发育成型，在对局后期可在团战时对敌方造成巨大的伤害。

2 号位：对局前期在地图中路单人对线，主要工作是压制敌方对线英雄，达到一定等级后可到边路支援 C 位或 3 号位。中期通过游走带动全队节奏，在 1 号位的发育尚未成型时，2 号位也可作为团队主要输出点，在战斗前中期的团战中造成伤害。常见的 2 号位英雄有火女、影魔、圣堂刺客等。

3 号位：对局前期单人在劣势路抗压，需要选择有一定控制和先手能力的英雄。在保证不送"人头"的情况下自己也能有发育空间。在前期的小团战中，3 号位的作用较为明显，由于需要先手开团，所以往往会选择比较"肉"的英雄，如潮汐、猛犸、虚空假面等。

4 号位：4 号位往往分为两种打法，一种是专门"打野"，另一种是偏发育型的辅助。选择打野时要保证自己的野区发育，同时还可以支援线上的对线和推进。而偏发育型的辅助是在尽可能不和 C 位抢夺资源的情况下，快速获得一些团队装，从而支援队伍的推进。常见的 4 号位英雄有小鹿、陈等。

5 号位：团队中最根本意义上的辅助位置，需要承担插眼、对线支援和保护 C 位等工作。5 号位的英雄有一定的控制技能，开团后抢先控制住敌方英雄而给 C 位的输出留出空间。常见的 5 号位英雄有复仇之魂、拉比克、莱恩等。

2.《英雄联盟》和《王者荣耀》的战术分配体系

《英雄联盟》简化了 *Dota* 里的一些战术，降低了游戏门槛，让游戏变得更加易于上手，而《王者荣耀》又基于《英雄联盟》再次做了简化，使 MOBA 游戏更容易适应于移动平台。但无论怎么简化，《王者荣耀》和《英雄联盟》中对战斗位置的分配仍然是相同的，根据战斗早期在地图中的站位，可分为**上路（上单）、中路（中单）、**

下路（辅助或 ADC）、打野 4 个位置。

上路： 上路一般为 1 名英雄单人对线，所以选择上路位置的，往往又被称为"上单"。上单一般为高爆发、强控制和强机动力的英雄，因为上单的主要工作是在确保自己发育的情况下进行全图的支援，有时还会利用自己的先手控制技能进行开团。例如，WBG（微博电子竞技俱乐部）知名上单选手 TheShy 在《英雄联盟》中使用的奎桑提，拥有比较多的控制技能，前期在上路时可以打出不错的对线压制，在拥有大招后能够通过大招将敌方英雄拖拽并击杀，在团战中更是能先手控制敌方后排英雄，减少敌方输出火力。

中路： 中路一般与上路一样，也是由 1 名英雄单人对线，所以选择中路位置的，往往又被称为"中单"。中单要有一定控制和爆发，在满足自身发育要求的同时可以兼顾其他位置的支援。中单也具有全局"带节奏"的能力。例如，中路英雄"正义巨像 加里奥"，强大的位移加上满格的防御能力，让这个又能支援又扛打的英雄在 2017 年《英雄联盟》全球总决赛 S7 赛季上大放异彩。当 RNG 战队和 SKT 战队在四分之一决赛时相遇，"到底是不是要 BAN 加里奥"成为当时街谈巷议的热门话题。

下路： 下路一般会分为两个定位，一个是输出（也称 ADC），另一个是辅助。同 *Dota* 一样，输出位在《英雄联盟》和《王者荣耀》中被称为 Carry 位。而与 *Dota* 不同的是，在《英雄联盟》和《王者荣耀》中，输出型英雄几乎都是由物理射手型英雄担任，团战后期大部分输出都由 Carry 位的英雄负责。例如，RNG 战队中大名鼎鼎的选手 Uzi（已经退役），还有 TES 战队中的 Jackeylove，当他们所控制的 Carry 位英雄发育成型以后，疯狂的输出可以让敌人瞬间团灭。也正因为如此，如何保护 Carry 位英雄进行良好的发育，以及帮助 Carry 英雄在团战时获得良好的输出环境，是辅助位英雄需要做思考的。

辅助位的英雄往往会由一些控制能力较强，或带有一些保护技能的英雄承担，如曙光女神、娜美等。有些时候，如果团队其他位置的控制英雄较多，则辅助位会选择对团队增益效果比较明显的英雄，如风女、琴女等。但不管选哪个，拥有一手控制技能，保护 Carry 位的英雄存活下来，是辅助英雄的必要条件。

打野： 由于 MOBA 地图中还分布着很多野区资源，因此就诞生了专门收割野区资源的分工定位。打野英雄对于团队最直接的好处是不用去与其他位置的英雄抢夺资源；可以在收割自己野区资源的同时抢夺敌方野区的资源，限制敌方对位英雄的发育；在满足自己的发育需求之后，还可以去上路、中路、下路抓人从而加速己方的推进进度。打野位的英雄一场战斗下来基本一直处于跑动状态，因此对英雄的机动性要求非常高。例如，盲僧、蔚都是机动性和控制能力不错的打野英雄。国内著名《英雄联盟》打野位选手赵礼杰（ID：Jiejie），在 2021 年《英雄联盟》全球总决赛中展现了非常强悍的打野技术。尽管上届冠军 DK 战队来势汹汹，在野区寸土不让，但 Jiejie 还是强力地执行了团队的战术设计，遏制了 DK 卫冕的势头，最终帮助其所属的 EDG 战队第一次拿到了《英雄联盟》全球总决赛的冠军，给数千万观众留下了深刻印象。

3.《绝地求生：大逃杀》的战术分配体系

由于《绝地求生：大逃杀》的核心战斗方式和传统的 FPS 游戏并无差异，导致以 *CS:GO* 为代表的玩家定位也多多少少地被带到了大逃杀类游戏中。但实际上，虽然 FPS 游戏的发展时间比

MOBA 游戏要长很多，但至今没有发展出 MOBA 游戏那么固定的战术定位。注意，这里说的是"没有那么固定"，并不是"没有固定"。由于本人也同时在运作一支《绝地求生：大逃杀》的战队，因此对大逃杀类游戏的战术分配也有一定的了解。

由于大逃杀类游戏实际上更偏向于"开放式沙盒类"游戏，因此"探索"是这类游戏最重要的元素。在探索的过程中，需要有指挥、侦查员、火力手、突破手等定位。但值得注意的是，除了指挥，其他定位并不是由某一名玩家从头到尾地承担。例如，火力手可以同时做指挥，必要时刻甚至可以当侦查员。也许未来大逃杀类游戏会发展得更加清晰和固定，但目前仍然是非常灵活而模糊的。

指挥：在大逃杀类游戏中，"标点"是非常有讲究的，需要站在"宏观局势"上去认识当前的战场局势。并非所有玩家都适合如此宏观地去思考游戏，因此团队中需要一个负责带领队伍前进的总指挥，队内的其他玩家可以提建议，但决策权只能在指挥一人身上。指挥控制了队伍的游戏节奏，负责安排队内每名队员的行进、站位，但是指挥并不是不参与战斗。

火力手：顾名思义，火力手就是交战时开火的主力，往往会持狙击枪远距离攻击敌人，不到万不得已的情况，不会与敌人近距离交战。在需要火力手进攻时，其他队员会以"拉枪线"的方式吸引敌人暴露，在敌方暴露的一刹那，火力手要快准狠地击毙敌方。这是一个需要天赋的定位，因此也极易产生明星选手。

突破手：前文已经分析过，"抢点"是大逃杀类游戏的核心策略，因此必然会面临"攻点"等近距离战斗的发生，此时负责打开局面的突破手就是冲在最前面的"壮士"，其将敌人的火力牵扯出来，供殿后的队友攻击。因此突破手往往会使用近距离杀伤力比较大的武器，如冲锋枪、猎枪、步枪等。

侦查员：大部分时候，为了避免造成突破手或其他队员无意义的牺牲，在大逃杀类游戏中，还需要一名负责探点的"侦查员"。侦察员一般会在游戏中开单人摩托或者硬顶吉普车等先行前往队伍要去的目标点探查敌情。如果探查到目标点上有敌人，则立即告知队友，并由指挥决定是进攻还是撤退。即使侦查员最终牺牲，也不会导致己方大部队全军覆没。

前文使用大量的篇幅，介绍了各种团队竞技游戏中的不同分工与定位，但并没有对更细节的战略或战术展开讲解，因为毕竟本书是介绍游戏设计，而不是介绍游戏战术。读者在设计任何一种类型的团队竞技游戏时，一定要同时考虑到不同需求的玩家在团队中究竟如何定义自己的位置，这样有助于让玩家快速适应游戏，从而提高游戏的长期留存率。

除了上述方法，核心战斗之外的"社交系统"也有助于提高玩家的长期留存率。这是让玩家在游戏中认识新的游戏伙伴，以及增进老游戏伙伴之间感情的最佳渠道。

6.1.3　战队与公会

2023 年 1 月 23 日前，我一直在《魔兽世界》中运营着一家千人公会，这让我在公会中认识了许多朋友，其中有些至今都保持着联系。公会出现的原因之一，是基于当今人们"陌生人社交"的基本需求。当今的大部分玩家，是"零零后"独生子女，成长中难免会有"孤独感"。团队游戏则是消除这些玩家孤独感的最好方式之一，因此公会几乎成为所有游戏的"标配"。

常言道："有人的地方就有江湖"，代表社会关系的"江湖"一词也同样会出现在虚拟世界的社交中。任何一个社会型组织，都会有"发起者""管理者""参与者"等各种各样的角色。玩家可以根据自己的喜好，通过在虚拟世界中扮演各种角色来发挥自己的作用，帮助自己实现在虚拟世界中的目标。根据组织内的不同职责，结合竞技游戏的特殊性，以《王者荣耀》中的战队为参照，往往可以把公会（或战队）系统分为如下几个部分。

（1）**创建战队**：当玩家有在游戏内成立社交型组织的欲望时，创建战队会成为该玩家的第一选择。创建战队时玩家需要做好相应的筹备工作，在筹备期间内征集到足够的响应者则战队创建成功。战队创建成功后，创建者和响应者都成为该战队成员，创建者担任战队队长，并从响应者中产生两位副队长。这要求创建战队的玩家本身具备一定的社交组织力，否则很难获得其他玩家的响应。而其他玩家也是在某种程度上给予了创建者信任，至少是相信与其共同游戏可以获得更好的长期游戏体验，才会响应创建者建立战队的请求。

（2）**管理战队**：与传统的 MMORPG 型复杂而庞大的公会型组织不同，在大部分竞技游戏中，管理战队并不是非常繁复的工作。这样也满足了大部分参与战队管理的玩家内心最本质的"担任职位但并不承担责任的"需求。战队的日常管理工作主要是招募其他"情投意合"的玩家进入战队，处理申请加入战队的请求，安排战队内队员的活动。我们作为竞技游戏设计师，一定要注意尽可能让这些工作可以由系统自动完成，毕竟工会或战队的本质只是满足玩家的社交需求，玩家并不真正希望在你的游戏中"上班"。例如，《王者荣耀》中就开发了"招募附近的玩家"的功能，这类似微信中"附近的人"——满足人类最基本的"猎奇感"即可。

（3）**战队战斗**："帮派战斗"是很多人在儿时最能提升肾上腺素的"活动"，而战队的功能则刚好满足了人们的这个需求。这表示，战队的设计仍然是以促进玩家更频繁地参与核心战斗为本质目的，社交活动则是推进玩家坚持游戏战斗的主要动力。正如《乌合之众》书中开篇所言：群体心理的共同特点是群体中的人普遍获得一种集体心理，这种心理使他们的感情、思想和行为变得和他们作为一个单独的个人时非常不同。当玩家参与战队战斗时，会比自己单独战斗时获得更多的"责任感"，因此在产生战斗结果时，其"荣誉感"和"集体自豪感"会大大加强，如果是因为自己的关键操作使团队获得胜利，玩家会把这种胜利再一次放大，玩家将获得前所未有"自我认同感"。毫不讳言，这是当今社会人们在现实中极难获得的。因此，当玩家在虚拟世界中获得这种自我价值体现的机会时，就会给玩家内心带来前所未有的正向激励。这种激励再通过某种量化的方式转化为"战队成长"，最终成为战队内玩家不断重复游戏的新动力，为游戏本身提升长期留存率。

（4）**战队成长**：量化战队的成长就是对战队内所有成员最重要的反馈，正如前文所述，要时刻地对玩家的行为进行反馈。量化战队成长，是非常重要的设计环节。在《王者荣耀》中，这种指标类型又分为"战队整体成长"和"个人在战队内的成长"两种。战队内的玩家通过战队整体成长获得集体荣誉感，同时又从个人在战队内的成长获得成就感与认同感，两者相辅相成，缺一不可。

（5）**战队人数**：这是直接体现战队规模的数据之一，玩家希望自己参加的战队是强大的，对其他玩家是具有吸引力的，这和现实社会中玩家希望进入强有力的组织是一样的心理。但要注意的是，并不是所有玩家都偏好"大而强"的组织，也有一些玩家喜欢"三五好友一起游戏"型的"密友型"战队，他们并不希望自己的小圈子随便进入外人。所以在设计战队系统时，设计师要兼顾玩家的各种心理需求，不可单一化地思考，要为多元化的情绪留出空间。

（6）**战队等级和战队评级**：战队内成员的活跃点会转化为战队经验值，经验值达到一定等级后，即可提升战队等级。等级越高的战队可容纳的队员数量越多，并且会提供更高的结算金币加成。这是典型的将战队内的个人行为量化为战队成长，再将战队成长作用于个人收益的反馈链条。

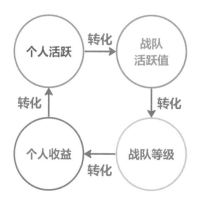

上图是《王者荣耀》通过战队系统提高玩家活跃度最基础的数值反馈链条。战队活跃点还会决定战队评级。在《王者荣耀》中，战队评级分为青铜军团、白银战盟、黄金近卫、白金铁卫、钻石血卫、王者联盟6个阶梯。战队等级机制除了可以增强战队内玩家的集体荣誉感，还可以简化玩家对于战队等级的认知，让玩家对战队的档次产生直观的认知。

（7）**战队竞技奖励**：为了鼓励玩家尽可能地参与战斗，《王者荣耀》又根据战队活跃点和战队评级设计了战队竞技奖励，方式包括"周奖励"和"赛季奖励"。这又是一个将长期目标拆分成短期目标的典型案例。

（8）**周奖励**：每周根据当周各战队活跃点获得情况进行排名，并发放奖励，战队各成员奖励相等。

（9）**赛季奖励**：每个赛季结束时，根据战队评级发放奖励，从青铜军团到王者联盟都可获得钻石奖励。

玩家金币可以购买英雄，获得铭文碎片可以抽取铭文——这再一次利用战队成长和个人收益的关系提高玩家的活跃度。

由此可见，《王者荣耀》对于战队系统与玩家个人收益之间的循环促进理解得非常深刻，并尽可能地对战队成长的数值量化进行了深度挖掘，增强了玩家在游戏内的活跃度，对玩家的长期留存起到了非常积极的正向推动作用。

6.1.4　沟通：文字、语音、战斗标记

在前文中，我们了解到多人竞技游戏中的战术体系分配，以及核心战斗之外的战队系统的重要性和设计方法。但仅有这些模块化的功能还远远不够，我们还需要使用各种沟通手段让玩家在游戏内可以产生更直接的交流。

1. 文字

提供打字使玩家之间互相交流信息已经是目前所有网络游戏的标配了。一款无法使用文字进行沟通的多人互动游戏几乎已经无法继续运营。有些 MMORPG 游戏由于社交属性做得极好，甚至被玩家戏称为"大型多人在线聊天游戏"。一边游戏一边交流已经是许多人的习惯，在竞技游戏中，这种习惯仍然被保留了下来。

例如，网络用语 GG，就是自《星际争霸》时代就存在于对局中的常用对话。GG 原本是 Good Game 的首字母缩写，是对战双方为了互相表达友好，在战斗开始或结束时的问候语。后来经过一段时间的演变，在战斗即将结束时，弱势的一方如果觉得已经回天乏力，就会提前打出 GG 表达自己输掉了当前对局。伴随着网络文化的兴起，这种表达方式快速传遍游戏世界，并最终成为玩家半开玩笑地表达一件事情"完蛋了"的语言习惯。

在现如今如日中天的《英雄联盟》《王者荣耀》及 *CS:GO* 等游戏中，为方便玩家快速和队友传递信息、沟通战术，战斗内的文字聊天更是必不可少的交互方式。一般情况下，这些文字信息会以"玩家昵称 +： + 想要表达的内容"的形式出现。

2. 语音

游戏中玩家进行沟通的实时语音系统，是现在众多游戏（不仅是竞技游戏）的必备系统，根据游戏类型的不同，游戏内置的语音系统需要天然地具备"频道"功能。例如，《绝地求生：大逃杀》中的语音就分为"全部语音"与"组队语音"，即"所有"和"仅队伍"。

当将语音频道开启为"所有"时，意味着在游戏中离玩家较近的其他所有玩家，不管是敌方阵营还是己方阵营，都可以听到玩家的讲话，这样的设定一般用于由众多玩家参与的高自由度游戏中。在 H1Z1（《生有王者》）的大逃杀模式中，这样的设定甚至引起了更激烈的"社会事件"，更是衍生出 China NO.1 的网络口号。

可以和战场内的所有玩家沟通，这是一个大胆的设定，不仅是《绝地求生：大逃杀》或 H1Z1 这种重度对抗的游戏，在《球球大作战》等轻度"休闲竞技"游戏中，开放式的语音系统也能促进玩家之间的沟通。"合作、合作、求合作"，不管你喜不喜欢，这已经是《球球大作战》的代表性语音。当游戏中一个又一个稚嫩的"求合作"的声音传来时，作为游戏设计师我们就知道，这款游戏在玩家的语音沟通设计上，已经成功了。

3. 战斗标记

由于竞技游戏的战斗往往较为激烈，战斗局面也较为复杂，仅靠打字或者语音的沟通，内容是极其有限的，此时就需要预设战斗标记供玩家使用。虽然不同游戏类型的战斗标记五花八门，但其本质思路往往都是以"位置 + 事件"的逻辑进行设计。这是由于地图太大，标记可以让位置更加准确。

例如，《英雄联盟》中战斗标记就是典型的"位置 + 事件"的结构。将鼠标移至地图中的某个位置，再使用键盘 G 键调出战斗标记菜单，然后选择某个事件，就完成了战斗标记。标记会在游戏地图和小地图中同时向队友广播。

再如，《绝地求生》中的地图标记，我在训练战队时就会要求队员养成在地图上标记飞机航线进点和出点的习惯，从而更精确地记住航线，方便战斗前期和中期通过航线判断局势。

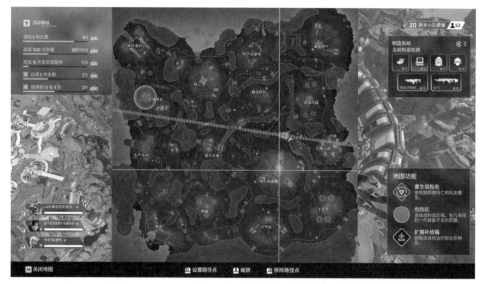

6.2　匹配机制：包容不同水平的玩家

现实生活中，最受瞩目的竞技比赛一定来自强队与强队之间的较量。两支水平相近的高水平队伍进行比赛，往往能迸发出最精彩的火花。之所以能产生这样效果，是因为强队中明星云集，大牌闪亮，而且更重要的是，高手与高手过招，一来一往，都充满博弈的乐趣与未知，从而使观众感受到兴奋与刺激。

电子竞技的比赛也是如此，观众希望看到水平相近的两支强队进行若干局酣畅淋漓的厮杀。相反，如果是水平差距较大的两支队伍，比赛的激烈程度和精彩程度都会大打折扣。这是因为较强队由于遇到较弱队，在比赛中几乎无法发挥出最强的战斗力，而较弱队由于实力本身就不强，在比赛中被强队处处掣肘，更加无法正常使用战术。因此，从比赛的观赏性角度来看，我们作为竞技游戏的设计师，要尽可能安排相近水平的玩家进行对局。

而对参与对局的玩家而言，他们的实际心理波动就会复杂许多。一方面，一部分玩家为了不断获得胜利的快感，更希望遇到比自己弱的对手；另一方面，还有一部分玩家勇于挑战自我，希望不断和高手过招以提高自己的游戏技术，如果能战胜比自己水平高的玩家，他们会获得更加强烈的成就感。因此，我们需要从两个方面对玩家的胜负期望进行剖析并最终予以平衡，以满足各方的需求。而我们作为竞技游戏设计师，还应在更深的需求层面发现其隐藏的设计目标——实力均衡的对抗可给参与者及观看者提供持续不断的乐趣。

大家还记得"构造游戏核心"中所提到的"成瘾性是由随机性产生"的概念吗？我们再简单回顾一下竞技游戏的整个过程，并研究不同实力的对手在战斗的不同阶段带给玩家的心理反馈。

当对手实力比自己强很多时，战斗结果可以预估，因此在战斗准备阶段部分玩家就已经产生恐惧心理，这是一种普遍性的心理。但我们仍要注意的是，人在面对恐惧时，仍然存在着众多差异化反应，有的人知难而退，也有的人则是"明知山有虎，偏向虎山行"。但如果一部分玩家在准备战斗时就想逃避，这将是一个非常糟糕的战斗开局。

在与实力比自己强很多的对手交战时，由于实力差距的悬殊性，弱势的一方可能会在战斗过程中面对强势方毫无还手之力，试想一下与比自己强壮很多的人掰手腕，无论怎么发力都无法撼动对方手臂的无助感，弱势方面对这个过程只能用"受虐"来形容。游戏过程本应给以玩家带来兴奋与快乐，"被压着打"的体验会让玩家产生被羞辱的感觉，这样的反馈明显不利于游戏的长期发展。

而当对方实力比自己弱很多时，自己处在强势方，击败对手的可能性非常大，因此准备战斗时心理会比较轻松，一部分玩家可以感受到愉悦，但对一些挑战型性格的玩家而言反而会感到无聊，以至于获胜之后的兴奋度降低。这是因为开始并无太多期待，太容易获得的胜利并不会过分激发人的成就感，击败比自己弱小的对手本就是"应该"的事情。

那么只有当与和自己实力接近的玩家对抗时，战斗结果无法预测，在开始战斗前预测战斗结果，更像是扔硬币猜正反面一样，是"纯随机事件"。正是这种看似随机的结局，会使参与者对结果的不确定性充满期待，从而在战斗过程中全神贯注，斗智斗勇。当比赛结果出来时，胜利方由于投入了较大的成本而获得更强烈的正向反馈，失败方则在"赌徒心理"的作用下会非常不甘心，想立即开始新一轮的对局。不管是胜利方还是失败方，都想立即开始进入下一局。这就是"不断参与水平相近的对局更易使玩家上瘾"的根本动力，其本质仍然是由"结果随机性"控制的。

只有先尽可能准确地评估玩家的竞技水平，才能将实力相近的玩家安排在一起对局，那么具体的方法是什么？下文中，我们将一起了解大名鼎鼎的 ELO 算法。

6.2.1　ELO 算法

ELO 算法最早是为国际象棋比赛中的各个棋手评定其自身实力所用的一整套积分评定算法，它并不是某几个英文单词的缩写，而是 100 年前美国一位颇有影响力的国际象棋棋手阿帕德·埃洛的名字。埃洛在科学地计算国际象棋棋手级别这一领域为整个国际象棋界做出了卓越的贡献。

1903 年 8 月 25 日埃洛出生于匈牙利的一个"农民家庭"，10 岁时移居美国。那一年，在克利夫兰，埃洛在百货商店的橱窗中发现了一副国际象棋，这激起了他学棋的欲望。凭着一本从当地一所高中图书馆借来的《不列颠百科全书》，埃洛学会了下棋。

下国际象棋成了埃洛的嗜好。而他的职业是一名科学家和教师。在芝加哥大学相继获得学士学位和硕士学位后，埃洛开始了他在马凯特大学的任教生涯，在那里，他教授物理学，直至退休。退休之后，埃洛又在威斯康星大学从事兼职教学工作。埃洛教授的一生中有许多爱好，如天文学、园艺学、酿酒及音乐等。

埃洛在他棋艺巅峰时期曾达到大师级水平。32 岁时他首次获得威斯康星州冠军。之后，他又多次获得该项荣誉。在 1940 年美国国际象棋公开赛上，埃洛获得第 7 名。在埃洛的棋艺生涯中，他共赢得 40 多项比赛。

埃洛对发掘国际象棋的教育意义有着特殊的兴趣，为此他制订了一个导向计划，后来这项计划逐渐发展为众所周知的密尔沃基校园计划（Milwaukee Playground Program）并吸引了成千上万的年轻人投身国际象棋运动。

埃洛对国际象棋的最大贡献还是他所制定的那套以他自己的名字命名的等级分系统。在埃洛的等级分系统之前，世界上有许多类似系统，有些是数字式的，有些则采用其他的方式，但埃洛则提供了一套全新的系统，它比其他系统更直观。例如，1500 分表示一名普通棋手，2000 分表示一名俱乐部强手，2500 分则代表一名国际特级大师级棋手。同时，该系统又是依据统计学的基础设计的，更具科学性和可行性。

1960 年，美国国际象棋协会采纳了埃洛教授的等级分系统。世界国际象棋联合会于 1970 年也采纳了这套系统。埃洛教授的等级分系统除了应用于国际象棋，还广泛用于其他体育运动之中，比如保龄球、高尔夫球、乒乓球等。

6.2.2 公式

ELO 算法作为一整套评估体系，主要有两个计算步骤。第一步是根据玩家的既有积分，通过玩家之间的分差计算参与对局的玩家之间的胜率情况；第二步是通过实际的对局结果，计算选手完成对局后的实际积分是增长还是降低。这看起来有点难以理解，接下来我们将以通俗易懂的方式帮助读者了解如何实际应用。

前文已经讲述，我们总是希望撮合实力更加接近的玩家参与对局。那么实际应用中，受游戏用户量、同时在线的玩家数量等现实情况的影响，我们很难总是刚好遇到相同积分的玩家，大部分的情况是各种不同积分的玩家在游戏中等待匹配。那么该如何通过积分的差距计算玩家之间相对准确的胜率呢？这就用到了第一个公式，其中 D 为两名玩家的积分分差。

$$P(D) = \frac{1}{1 + 10^{\frac{D}{400}}}$$

使用该公式，就能根据玩家之间的分差来进行实际对局结果的胜负计算。例如，《炉石传说》中，设定 A 玩家（Ra）的积分为 1600 分，B 玩家的积分（Rb）为 1450 分，那么 A、B 玩家相遇，A 玩家的胜率是多少呢？

根据公式，要先计算出 A、B 两个玩家的积分分差 D。注意，此时是计算 A 玩家的胜率，所以是站在 A 玩家的角度进行计算，那么计算分差 D 时，要以 B 玩家的积分来减 A 玩家的积分。

$$D = Ra - Rb = 1450 - 1600 = -150$$

将 −150 代入公式后可算出

$$P(-150) = \frac{1}{1 + 10^{\frac{-150}{400}}} \approx 70.34\%$$

可得 A 玩家面对 B 玩家时，A 玩家的预期胜率为 70.34%，在这场《炉石传说》的对局较量中，A 玩家的胜率高于 B 玩家。这看起来并不符合 50% 的胜率期望，B 玩家输掉本场对局的可能性太大，所以此时为了让比赛更好玩，同时保护 B 玩家，为 B 玩家寻找到一名 C 玩家，C 玩家的积分（Rc）为 1440 分。此时我们再来计算 B 玩家面对 C 玩家时的预期胜率。

$$D = Rc - Rb = 1440 - 1450 = -10$$

将 −10 代入公式后可算出

$$P(-10) = \frac{1}{1 + 10^{\frac{-10}{400}}} \approx 51.44\%$$

可得 B 玩家面对 C 玩家时，B 玩家的预期胜率为 51.44%，胜率已经接近 50%，可以一战！

那么，这些积分又是如何计算出来的呢？

ELO 算法在各个游戏的实际应用中，我们会发现如《英雄联盟》或者《星际争霸》等在玩家开始进行排位比赛前，都有一种叫作"定级赛"的模式。玩家必须先进行定级赛，才能进入正式的排位赛，其目的是通过一定场次的定级赛，让 ELO 算法先为玩家进行初始分的计算，从而在玩家正式进入排位赛前，尽可能准确地评估玩家实力。

那么，又该如何计算对局结束后不同玩家具体的变化呢？让我们继续以前文《炉石传说》中的 A 玩家和 B 玩家为例进行介绍。

设定：

Ra 为 A 玩家的当前积分 1600。

Rb 为 B 玩家的当前积分 1450。

Sa：实际胜负值，胜 =1，平 =0.5，负 =0。此处值得注意的是，《炉石传说》是没有平局概念的，《英雄联盟》《王者荣耀》等大部分的对战也是没有平局概念的，但《皇室战争》由于种种原因允许平局，所以此处我讲解的是最广泛的情况。

Ea：A 玩家的预估胜率，前文已经计算过，该数值为 70.34%。

Eb：B 玩家的预估胜率，前文虽然没有计算，但根据 $Ea+Eb=1$ 的定律，可得 $Eb=29.66\%$。

此时可简单列出如下公式。

$$R'a = Ra + \text{K}(Sa - Ea)$$

其中 K 值是一个常量系数，$R'a$ 是 A 玩家进行了一场比赛之后的积分。在国际象棋比赛标准中，顶级选手之间的 K 值为 16，一般选手的 K 值为 32，K 值的大小将直接影响对局结束后玩家积分的具体数值。通常情况下，水平越高的比赛中 K 值就越小，这样做是为了通过较少的积分变化结合较多的比赛，尽可能降低随机因素，获得最准确的选手积分。

在这场对局中，假设 A 玩家与 B 玩家都是在大师组的玩家，则暂定 K 值为 32。如果 A 玩家获胜，A 玩家可增加 9 积分，B 玩家则要扣除 9 积分。根据上文的公式，可得

$$R'a = Ra + \text{K}(Sa - Ea) = 1600 + 32 \times (1 - 70.34\%) \approx 1609$$

如果是 B 玩家获得胜利，B 玩家可增加 22 积分，A 玩家则要扣除 22 积分，根据上文公式，可得

$$R'b = Rb + \text{K}(Sb - Eb) = 1450 + 32 \times (1 - 29.66\%) \approx 1472$$

我们会发现 B 玩家获胜时赢的积分远远大于 A 玩家所得，这是因为 B 玩家在该评价系统中明显弱于 A 玩家。因此如果 B 玩家获胜，就要给予他更多的积分奖励。

现在，我们了解了 ELO 算法的基本应用，但《炉石传说》是 1v1 的游戏，而《英雄联盟》《王

者荣耀》等 MOBA 游戏是 5v5 的游戏，此时又应如何计算呢？我将以实际参与开发的 5v5 对战游戏《魔霸英雄》中的计算方式来讲解。

首先，在 5v5 的游戏中，由于允许组队（俗称"开黑"），这意味着一个 5 人队，可能是由一个 3 人组合加 2 个单人，或 1 个 2 人组合加 3 个单人等多种组合方式出现的。例如，在《王者荣耀》中，可能是 1 个高分段玩家带 1 个低分段玩家开黑匹配，这样的组合中，玩家的分差非常大。所以在《魔霸英雄》中，我们使用了一种叫作"匹配单元"的方式来解决这个问题。

所谓匹配单元，是指游戏在进行玩家匹配的时候，如果是单人匹配，则这个单人玩家被称为一个匹配单元；如果是多人组队开黑匹配，则其是另外一个匹配单元。所以如果想要以积分衡量一个 5 人队，则必须先计算每个匹配单元的积分。《魔霸英雄》使用的计算公式如下。

$$匹配单元积分 = \frac{\sum 每个玩家的匹配积分}{开黑人数} + 开黑人数对应的修正分$$

根据实际情况，开黑一般存在于熟人中，熟人之间的配合度要明显强于陌生人之间的配合度。同时，参与开黑的人数越多，匹配单元的实力也就越强。为了让计算的积分可以更加准确地接近实际情况，《魔霸英雄》引入了"开黑人数对应的修正分"，该参数为人为调整，可以根据游戏上线后的实际运营情况随时进行调整。

得到了每个匹配单元的积分后，就可以计算队伍的总积分了，由各个匹配单元根据人数权重计算而得，队伍积分的计算公式为

$$队伍积分 = \frac{\sum (匹配单元积分 \times 匹配单元人数)}{队伍总人数}$$

最终，我们获得了衡量一个匹配队伍的积分，在实际观察数据时，仍然要随时对各项参数进行调整，以保证尽可能地让计算无限接近现实中的真实情况。

当我们获得队伍积分之后，把队伍看做一个整体，那么接下来计算"队伍期望胜率"，和前文中介绍 1v1 的计算方式一样了。而当 5v5 的战斗结束以后，又该如何计算队伍中每个玩家获得的积分呢？与前文中计算 1v1 的方式差不多，《魔霸英雄》中采用如下公式。

设定：

有队伍 i 和队伍 j，

队伍 i 和队伍 j 的分差为 P_{ij}，

队伍 i 的期望胜率为 $P(D_{ij})$，

实际胜负值为 Sa：胜 =1，平 =0.5，负 =0。

则队伍 i 的实际胜率公式为

$$P(D_{ij}) = \frac{1}{1 + 10^{\frac{D_{ij}}{400}}}$$

则队伍 i 中的玩家 A 的实际得分为

$$R'a = Ra + K(Sa - P(D_{ij}))$$

至此，多人模式下的胜率和积分计算公式就已经全部介绍完毕。我在实际的游戏运营过程中发现，最大的"坑"莫过于算法过于"冷血"，这个体系虽然可以相对准确地评估玩家积分，但过于严格的评价会让玩家获得巨大的挫折感，导致玩家流失。此时如果仍然严格按照 ELO 算法评估玩家积分，必然是弊大于利的，那么又该如何降低玩家的挫折感呢？

6.2.3 降低玩家的挫折感

在学习 ELO 算法的过程中，我们会明显感受到"胜者为王、败者为寇"的竞技比赛的残酷性。当玩家决定参与对局时，既有获得积分的可能，也有输掉积分的可能。在专业级的竞技比赛中采用这样严格的评分机制没有问题，这是因为专业级的比赛目的就是决出胜负，按照实力排名。但参与一般电子竞技游戏的玩家，他们的目的大多只是休闲消遣，过于残酷的比赛规则，不利于中低端玩家持续游戏。因此，一般会使用如下 3 种解决办法：隐藏真实积分、使用段位表达，设置不改变排名的休闲比赛模式，给挫折临界点的玩家匹配机器人。

1. 隐藏真实积分、使用段位表达

"难于上手、难于精通"是目前主流竞技游戏共同存在的问题。也许一部分竞技游戏天赋较高的读者并不赞同这个观点，但竞技游戏设计师要明确的是，目前市面上主流的竞技游戏，相对于《超级马里奥》等休闲游戏而言，对绝大部分的玩家而言都是非常难以上手的。但是为什么如此难以上手，却能如此流行呢？我思考了很久，也没有找到非常合适的理论支持，或许就好像抽烟喝酒一样，任何人第一次尝试的时候都会被香烟呛到或者被酒精辣到，但这并不影响香烟与酒精成为全人类难以抗拒的物品。

既然竞技游戏普遍难以上手，那么我们就需要给玩家充分的过渡时间，让游戏难度曲线在前期尽可能平缓，并让玩家感受到被鼓励、被保护。其中一种常见的做法是设置隐藏积分和显示积分。

所谓隐藏积分，就是指我们通过 ELO 算法严格计算出的积分，并不在界面上显示给玩家，只存储在系统后台中，在给玩家匹配对手时，仍然使用 ELO 算法计算出的积分作为唯一依据，

这样能保证玩家每次匹配时仍然能匹配到相近实力的对手。

但在积分的界面显示上，则采用另外一套显示方式。例如，在《王者荣耀》和《炉石传说》中我们经常见到的段位，就是目前最优的表达方式。在段位中，只有胜负变化，没有非常细微的积分变化，留给游戏设计师的操作空间就

变大了，同时极大地保护了玩家前期接触游戏时的积极性。

2. 设置不改变排名的休闲比赛模式

现在很多竞技游戏都会将"排位赛"与"自由匹配"独立开来。这样做的一个原因是长期处在排位赛中的玩家会感受到极强的疲劳感，这种疲劳感往往会阻止玩家继续玩下去；另一个原因是保护那些并不想去参加排位赛的玩家，这部分玩家更希望在游戏中寻找休闲与放松，并没有特别强的获得排名的欲望，并且在大部分情况下，这种相对"轻度"的玩家在游戏玩家人群中占很大比重，所以竞技游戏设计师要为这样的玩家留出足够的游戏空间。

3. 给挫折临界点的玩家匹配机器人

给玩家在游戏中匹配机器人，是非常敏感的话题，所有的竞技游戏公司都不会轻易承认这一点，但这又是一个公开的秘密。作为游戏设计师，我们总是希望"俘获"更多的玩家长期留存在游戏中，因此我们要把玩家当作"婴儿"一样呵护。当玩家连续遇到挫折时，是玩家最脆弱的时刻，也是最容易放弃游戏的时候，此时我们要想办法帮助玩家重新找回信心。

此时如果仍继续使用 ELO 算法为玩家匹配对手，玩家仍然有接近 50% 的概率输掉游戏，因此我们要让玩家在下一局大概率获得胜利。但如果我们为玩家匹配比玩家实力弱很多的玩家，这对这些弱势玩家又是不公平的，我们不能为了讨好一部分玩家而牺牲另一部分玩家的游戏体验。所以此时最好的办法就是派游戏机器人出马。

游戏甚至需要单独开辟"人机模式"，让玩家可以自己选择和机器人对战，让玩家在人机模式中先练习一番，待更熟悉游戏玩法之后，再去其他模式中和真人对战。这也是通过游戏机器人对玩家的一种保护。

得益于近些年来飞速发展的人工智能，游戏机器人实际上已经可以做到极度的拟人化，至少能做到让大部分玩家很难分辨。游戏机器人的好处除了可以帮助连续受挫的玩家找回信心，重新感受到游戏的乐趣之外，还有一个好处是当游戏前期的玩家数量还没有达到一定规模时，可以代替真人，减少玩家在匹配中无聊的等待时间，让玩家尽快开始游戏。

6.3 排行榜：天梯与段位——留住核心玩家

在游戏运营过程中我们发现，从来不关注排行榜，才是绝大部分玩家的真实行为，关注排行榜的反而只有"一小撮"。然而，就是那"一小撮"核心玩家，是一款游戏获得关注并获得长期留存的重中之重。想要不断地激发核心玩家不断前进，仍然要依靠积分、段位与排行榜，这是当今所有竞技游戏都必然具备的重要系统功能。

6.3.1 排行榜

在前文我们已经详细学习了如何通过 ELO 算法计算游戏内的玩家积分，所以最常见也最简单的排行榜，就是以玩家积分进行降序排列，为每日在游戏内拼杀的玩家排好座次。

排行榜是提高核心玩家长期留存的一剂良药，但"是药三分毒"，纯积分式排行榜带来的负面效果也非常明显：排行榜的头部位置永远是有限制的，99.99% 的玩家都无法进入排行榜头部名单，对这些玩家而言，排行榜反而是增加受挫感的工具。因此，竞技游戏设计师要思考如何降低排行榜的负面效果。一种最简单的方法，就是让排行榜只对最核心的头部玩家开放，普通玩家则无法看到自己的排名。

6.3.2 段位

在讲述 ELO 算法的章节中，其实已经多少涉及一些段位的知识。这里又单独将段位独立出一个小节，原因是段位在游戏系统中的重要性是极高的，这不仅仅是因为段位是目前大部分电子竞技游戏都会设立的系统，更是因为段位一词远比游戏本身更加古老。在围棋领域，早在 300 多年前日本江户时代就已经开始使用"1~9 段位"对当时的围棋棋手分段，棋手通过参加各种各样的对决，除了获得段位评定，段位对棋手而言更多的是一种"头衔"。这既代表这实力，又代表着荣誉。

除了围棋之外，其他很多运动也都有段位的概念。例如，跆拳道级别一共有九段十级，其中黑带分为一至九段，在获得黑带以前，修炼者的级别称为"级"。每个级别都有对应的腰带颜色。

当跆拳道练习者进阶到黑带之后，就表示该运动员已经经过长期刻苦的训练，技术、动作和思想十分成熟。15 岁之前进阶黑带称为品，共 3 品。15 岁以上的称为段，共 9 段。

黑带的 7 至 9 段只有拥有很高学识造诣和在跆拳道的发展上有着极大贡献的人物方可获授。

在这里我们将跆拳道的段位系统描述得如此详细，想必聪明的读者已经发现了端倪：这和《英雄联盟》与《王者荣耀》的段位系统是如此的相似！

与《王者荣耀》的"攒星"升段不同的是，《守望先锋》采用的是"攒积分"升段。当前的竞技游戏中，相对较为重度、竞技感较强的，普遍偏向于采用"攒积分"的升段方式，而相对较为休闲的竞技游戏，则会偏向于采用"攒星"的升段方式。

我本人更倾向于"攒星"的方式，这是因为攒星可以将玩家的积分彻底隐藏，从而将带给玩家挫败感的可能性降为最低，玩家无须准确知道自己的 ELO 得分，只需将所有的关注点聚焦在胜负中，获胜即可得 1 星，反之则输掉 1 星。胜与负的所得与所失都是可以预期的，玩家并不会因为输给比自己弱很多的选手而输掉更多的星，这几乎是目前对玩家"最贴心的保护"。

但我们要注意的是，当玩家达到《王者荣耀》的"最强王者"段位后，仍然会进入残酷的排行榜与积分系统中，这与《炉石传说》如出一辙。这是因为一款普遍流行的"大用户量竞技游戏"，在设计时必须同时考虑最广泛玩家与最核心玩家双方的感受。核心玩家意味着最了解游戏、最为游戏本身所痴迷的那一部分玩家，要不断地给他们以挑战，为他们制造更多游戏相关的话题，才能提高他们的活跃度，也才有可能通过核心玩家去带动更多的玩家参与到游戏中。

6.4 如何设计付费

虽然大部分游戏在宣传时，都会以"情怀与梦想"作为关键词来激发玩家的"情感共鸣"，但商业游戏的本质仍然是市场经济下的一种特殊商品。作为游戏开发者，在设计游戏可玩性的同时，需牢记情怀与利润需要兼得的根本目的。目前市面上主流的竞技游戏获得收益的方式主要有如下 6 大类。

6.4.1 买断制：金钱与体验

所谓买断制游戏，就是玩家如果想获得游戏的完整体验，就必须先缴纳一定的费用。就好像想去电影院看一场电影，就必须先购买电影票。但是由于种种原因，买断制的游戏有过很长一段时间的低迷，这导致主机游戏和 PC 单机游戏在中国的沉寂。但是这种沉寂反倒促进了中国网络游戏产业长达 15 年的蓬勃发展。现如今，由于中国社会开放力度进一步加强，版权保护法律法规进一步健全，以及玩家的付费能力普遍提升，买断制游戏在中国市场也越来越常见。

6.4.2 时间制：金钱与时间

在处理金钱与时间的关系时，我们一般用两种方式：一种是直接卖游戏时间，另一种是将需要玩家花费时间才能获得的游戏体验直接标价出售。接下来将结合例子进行详细介绍。

在直接卖游戏时间的方式中，最常见的方式是"点卡制"，玩家需要付费购买游戏时间才可以获得不停的游戏体验。点卡制最出名的当属大名鼎鼎的《魔兽世界》，自 2004 年开服以来其一直采用这种收费方式。这种收费方式要求游戏具备极度丰富的游戏内容，丰富到玩家甚至花费数年时间都无法完体验游戏内的所有内容，只有满足这样的前提条件，点卡制的收费方式才具备可行性。如果玩家很快就体验完游戏内容，持续购买游戏时间的动力就会不足。一般情况下，我们会在 MMORPG 的游戏经常见到这种付费方式，而竞技游戏中则很少使用，这是因为竞技游戏更多的是在单一的核心玩法下通过随机和战略获得重复游戏的乐趣，在游戏内容的丰富程度上，是无法与 MMORPG 游戏相提并论的。MMORPG 带给玩家的更多的是一种"虚拟生活方式"的乐趣，该类游戏更希望玩家在设计师打造的虚拟世界中"生活"。

以上用金钱换时间的方式，仍是比较表象的，而更深入的用金钱换取时间的方式，则是另外一种——通过付费的方式，加快本应花费时间才能获得的产出，典型案例是以《皇室战争》为代表的竞技类卡牌游戏。

玩家希望在战斗中有更多可变战术、更强的战力，那么卡牌的种类和数量就是游戏中的刚性需求，更是稀缺资源。《皇室战争》中为玩家提供了各种免费获得卡牌的机会，但无一例外都需要玩家花费大量的时间与精力。例如，每次对局结束时有一定概率获得结算宝箱，而宝箱需要玩家等待一定时间后才能开启，玩家如果不想等待，就必须花费一定数量的钻石提前解锁。

类似结算宝箱这样以时间兑换卡牌的渠道还有很多，有玩家曾经计算过，如果玩家希望不花一分钱获得《皇室战争》中的所有卡牌，哪怕每天不停地游戏，也要至少 12 年的时间。显然不会真的有玩家这么做，玩家只要花费对应的金钱，即可大幅度加快收集卡牌的速度。

通过消耗钻石开启宝箱，付费玩家的优势就得以体现：花费 2500 个钻石，约合人民币 128 元，即可立即获得非付费玩家需要花费 2、3 个月才能获得的卡牌数量。与宝贵的时间相比，在有支付能力的玩家眼中，这是非常诱人并且划算的选择。

也许有些读者会质疑：免费玩家辛辛苦苦努力两个月才能获得的卡牌，付费玩家付出金钱即可获得，这不就是破坏游戏平衡了吗？如果这是一个"P2W（即付费获得胜利）"的游戏，这还能算是竞技游戏吗？

要想回答这个问题，我们要理解什么是竞技游戏中的"公平"。我认为，竞技游戏的公平性主要体现在两点：实力相近的对手，以及同样的游戏资源。因此，当《皇室战争》中的付费玩家通过现金获得了巨大的实力提升时，只需要根据其当前的实力，为其匹配实力相近的对手，这同样是相对公平的竞技。

6.4.3 道具类：金钱与道具

将游戏内的各种道具明码标价地出售给玩家，是当前竞技游戏最常见的付费方式。这种类型的游戏一般会提供两种货币类型：一种是以游戏次数或游戏时间衡量的时间型货币，就是指玩家只要愿意在游戏中付出足够多的时间，就可以赚取的货币；另外一种则是直接和现实生活中的现金挂钩的"代金券"型货币。一般情况下，这两种货币并不能直接兑换，但可以同时用于购买同一种道具。

《英雄联盟》中的经济系统就是这种付费类型的典型代表。层出不穷的新英雄是不断扩展并加深游戏玩法的重要道具，每个英雄都会有两种货币进行标价：一种是代表游戏时间和游戏次数的"蓝色精萃"，另外一种则是直接与现金挂钩的"点券"。玩家既可以通过不断地重复游戏赚取"蓝色精萃"，也可以直接支付现金购买"点券"。这样的付费设计同时满足了"愿意花时间但不愿意付费"和"没有时间但愿意付费"两种玩家的需求。

6.4.4 收集制：金钱与概率

"扭蛋机"现在在国内的商场中已经随处可见，并受到越来越多的消费者喜爱，甚至"成瘾"。扭蛋机之所以能让消费者上瘾，是因为它满足了人们两个心理需求：随机与收集。完美结合人们心理需求的"扭蛋机制"被大量运用到游戏设计付费模式中，其中最出名的莫过于《炉石传说》的"卡包机制"。

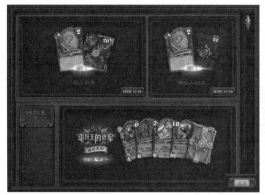
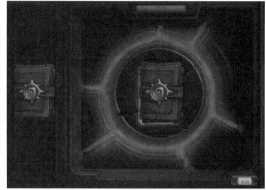

《炉石传说》卡包开启前

《炉石传说》翻开卡牌后

　　《炉石传说》的玩家几乎只能通过开启卡包获得新卡牌，而每次开启卡包时获得的卡牌都是根据卡牌品质随机产生，已知每开启一次卡包可获得 5 张卡牌。《炉石传说》中 60 个卡包售价是 388 元，开启卡包时重复产出的卡牌非常多，想收集齐《炉石传说》中的所有卡牌，要消费起码几千甚至几万元。

　　除了《炉石传说》，包括 *Dota 2*、*CS:GO* 和《绝地求生》在内的各种游戏，也都多多少少地采用了这种付费模式。也正是由于扭蛋机的机制过于强调"随机性"，而人类的基因中就有"赌博"的特性，所以 2017 年相关部门出台了一系列政策以尽可能地降低扭蛋机制带给社会的负面影响。

6.4.5　交易制：金钱与交易

　　在 Steam 游戏平台中，拥有一个叫"市场"的系统。在市场系统中，Steam 平台下几乎所有的主流游戏中可被交易的道具都能找到，并可以直接购买。

　　在 Steam 的社区市场中，所有玩家都可以把自己在游戏中获得的道具挂在交易市场上，等待其他玩家来购买。而一个游戏内的道具之所以能产生交易价值，往往是因为其游戏内有扭蛋机的机制：一部分玩家希望收集到自己心仪的道具，但又对扭蛋机的随机性望而却步，此时最好的方法就是直接从其他玩家手中购买该道具。随着想要参与交易的玩家和游戏内的道具越来越多，久而久之交易市场就应运而生。

在上述流程中，我们会发现，玩家 A 通过消费现金在《绝地求生》中的扭蛋机中获得了小黑裙，然后将小黑裙以一定的价格挂牌到 Steam 社区市场中，玩家 B 发现并花费现金购买了该条小黑裙，此时 Steam 社区市场会在交易中抽取一定的佣金，然后将剩余的金额转交给玩家 A。此时，《绝地求生》通过扭蛋机出售小黑裙获得了玩家 A 消费的现金，玩家 A 获得了在 Steam 社区市场转售小黑裙的现金，Steam 社区市场获得了交易佣金，玩家 B 获得了自己想要的道具。在这个链条下，所有参与方都获得了自己想要的，实现了多赢。

6.4.6　战斗通行证

然而，当"战斗通行证"出现后，上述几种付费方式已经逐渐淡出竞技游戏。"战斗通行证"模式雏形初见于 *Dota 2* 的"勇士令状"，后发扬于《堡垒之夜》，并为《堡垒之夜》实现了数十亿美金的营收，使其成为 2018 年和 2019 年全球营收最高的游戏。此外，当玩家对游戏的核心战斗产生厌倦或逐渐产生边际递减效应时，战斗通行证带有时效性的、丰富的任务线设计，可以非常有效地提升玩家的长期留存。眼下，从《英雄联盟》到《炉石传说》，从《Apex 英雄》到《守望先锋》，都在通过战斗通行证模式提升游戏留存率及游戏付费率。

为什么战斗通行证付费模式会取得如此大的成功？这是由竞技游戏的收费特征所决定的。竞技游戏具有典型的"大用户量/低付费/高付费率"特征。竞技游戏由于其天生自带的社交属性，与其他游戏类型相比，获得用户的成本较低。为了保障竞技公平性，"Pay to Win（付费变更强）"的收费模式无法用于竞技游戏中，这就导致竞技游戏的 ARPU 值（用户平均收入）相当低。在此情况下，竞技游戏设计师只有想尽办法提升付费率，才能实现收支平衡。

有些读者可能难以理解上段表述。举个例子：中国玩家耳熟能详的 RPG 游戏《传奇世界》中付费玩家与免费玩家的比值可能是 1/100，也就是每获得 100 个新玩家，才会有 1 个玩家付费，但"付费变更强"的机制也许可以让这 1 名玩家重度付费，假设该玩家付了 1 万元，则这 100 个新玩家的平均付费为 100 元。但如果是《堡垒之夜》这种"付费不能变强"的竞技游戏，玩家则只能购买一些无关痛痒的、不能提升战斗实力的外观类道具，此时玩家的付费金额就会大幅降低。

在战斗通行证出现前，竞技游戏一般通过买断制、卖道具、开宝箱 3 种方式提升付费率（付费玩家数与总体玩家数之比）。"买断制"是一种最简单直接的付费方式。例如，早期的《星际争霸》和后来的《绝地求生》，玩家必须付费才能体验游戏，此时游戏的付费率是 100%。但买断制的游戏要求玩家先付费，这就提高了玩家体验游戏的门槛。因此除了知名大作之外，其他不为人知的新产品如果也一开始就让玩家付费购买，就很难获取到大规模的在线玩家。所以，当《英雄联盟》作为首个打破买断制的免费游戏面世时，短短几个月就获得了数百万的玩家。《英雄联盟》的付费方式是"卖道具"，通过卖英雄和卖皮肤获得收益，依托免费游戏带来的庞大用户量，即使其付费率与买断制的 100% 相比只有区区 20%，《英雄联盟》依然能在全球狂揽数十亿美元，远远超过了之前所有买断制游戏的营收能力。因此，如何提升付费率，就成为竞技游戏的重中之重。直到《堡垒之夜》完善了战斗通行证的设计后，将免费的竞技游戏付费率再次提高，达到了惊人的 70%，基本上彻底解决了一直困扰竞技游戏的营收问题。

战斗通行证的设计原理非常简单，却对促进游戏长期营收具有非常重要的作用。它将前文讲述的"时间"与"付费"归纳在一条成长线上，玩家看似可以在"通过付费成长"或"通过时间成长"之间进行选择，而实际上两条成长线并列在一起，玩家在看到免费的、只需要花时间成长的同时，也会看到付费的成长线。当玩家发现自己花费了很长时间才能获得的奖励，远远低于只需要花费很少的钱就可以获得的付费奖励时，消费的意愿便会变得强烈。

以《堡垒之夜》为例，战斗通行证由以下几部分组成：门票、时效、成长线、货币。接下来我们一一对其进行简要介绍。

1. 门票

玩家只有购买了战斗通行证门票后，才能开启成长线。一般情况下，门票的售价都非常低廉，获得的道具却非常丰富。例如，网易出品的武侠生存类游戏《永劫无间》，其中的"奇巧"就是换了名字的战斗通行证，"解锁隐族秘藏"就是门票，售价 1360 金块，约合 68 元，这其实比《堡垒之夜》国际服还要贵一些。《堡垒之夜》的门票价格为 950 "V 币"，购买 1000 "V 币"大约只要 44.2 元。

2. 时效

　　时效指的是每隔一段时间战斗通行证内的所有奖励都需要重新替换。根据不同游戏的不同情况，这个时间有可能是 30 天，也有可能是 90 天。设置时效的目的是给玩家设定一个最后期限，催促玩家尽快完成成长线的进度，也就是变相要求玩家在有限的时间内增加游戏时长，从而提高游戏活跃度。

3. 成长线

成长线一般分为 Free Pass（免费成长线）与 Battle Pass（付费成长线）。免费成长线的道具奖励少一些、差一些，到了赛季后期基本就没有奖励；付费成长线的道具奖励要比 Free Pass 丰富好几倍，也更炫酷。

免费成长线与玩家的游戏时长或直接或间接挂钩，简单地说就是玩家用时间换取道具奖励。这要求游戏设计师为一定时间段内的玩家游戏时长做好规划，精确计算玩家每天的游戏时长，再乘以战斗通行证的持续天数，即可得知在设定的时间段内玩家是否能获得成长线的全部奖励。

"规定时间内的玩家游戏时长"与"获得免费成长线所有奖励的时间"，这两者并不一定要绝对相等，设计师要根据具体的游戏内容做具体分析。假设设计师希望玩家每天平均游戏时长保持在 30 分钟，战斗通行证的持续时长为 30 天，即玩家想要获得所有通行证奖励，平均所需要花费的时间总和为 900 分钟。假设通行证的成长线为 100 级，则设计师要运用对数函数将 900 分钟分配到 100 级内。采用对数函数的目的是让分配不平均，在前期分配少，后期分配多。

如果设计师希望玩家可以在游戏中停留久一些，则可将 900 分钟调为 1000 分钟；如果希望玩家轻松一些，则可将 900 分钟降低一些，或者设计"游戏币买等级"的功能。

4. 货币

与绝大部分游戏一样，战斗通行证的货币也分为"游戏时间代币"和"现金代币"。"游戏时间代币"可以是代币，也可以是玩家在游戏中的等级。

自 2019 年《堡垒之夜》进入第 2 章第 1 赛季后，直接砍掉了免费成长线。有人说"战斗通行证是游戏付费史上的革命"，虽然我认同这一观点，但我认为其真正巧妙之处是"返还购买门票的现金代币"。

让我们拆分一名新玩家在战斗通行证内的行为：

玩家在战斗通行证中的行为拆解

1. *花费时间体验核心战斗，获得"游戏时间代币"*

2. *使用游戏时间代币购买免费成长线的道具*

3. *看到付费成长线的丰富道具，对比自己所花费的时间，权衡门票价格后决定购买门票*

4. *发现门票需要用"现金代币"兑换*

5. *打开充值界面，使用现金购买"现金代币"*

6. *使用"现金代币"购买门票，获得付费成长线的道具奖励*

7. *发现付费成长线的道具奖励中，"现金代币"不仅能返还且返还的比购买门票时花费的还多很多*

8. *后续还可以继续用现金代币购买下一赛季的"战斗通行证"门票*

这个流程的最后两个阶段，给了玩家购买门票决策最充分的支持。有的读者在此时会疑惑：如果玩家一直这样持续下去，岂不是只需要付费1次，即可永远免费获取战斗通行证奖励？实际上，玩家如果想在付费成长线中获取所有的现金代币，需要花费非常长的游戏时间，也就是一直在游戏中保持活跃。在竞技游戏中，长期活跃用户是非常宝贵的资源，是支撑游戏保持玩家氛围的中流砥柱，这样的活跃用户带来的价值远远超过其付费价值。如果用户无法保持活跃，则上述的循环流程就要被打破，也就必须再次充值，才能再次获得门票。因此，战斗通行证的本质，依然是让玩家在"花时间"与"花金钱"中进行选择。做好这两者之间的平衡，是竞技游戏设计师设计游戏付费模式的关键点。

《堡垒之夜》第 4
章第 1 赛季的战斗
通行证终极奖励，
非常炫酷。

6.5 任务、成就、活动、规划

玩家在战斗通行证中每升若干个等级，就会获得一定的奖励，直到最后一级获得那个最炫酷的终极奖励。因此要想让玩家在游戏中获得不断前进的动力，就要将一个大目标拆分成若干个小目标，让玩家发现只需要付出一点努力，就可以不断获得各种各样的丰富奖励。目前市场对于竞技游戏最重要的衡量标准是次日留存、3 日留存、7 日留存、14 日留存、30 日留存。所谓留存，就是指当玩家第一次打开游戏之后，后续第 N 日如果再次打开游戏，则称为 N 日留存。关于类似留存等游戏数据术语，会在本书后文展开详细讲解。因此，如何通过某些机制让玩家在后续的每一日都打开游戏，并让玩家建立游戏的习惯，就成为游戏设计师不断思考的重要命题。

当今的大部分游戏，都拥有道具和货币两个系统。玩家在竞技游戏中除了获得胜利的成就感，同时也希望获得游戏道具或货币。根据玩家的这个需求，游戏设计师就可以通过道具和货币吸引玩家持续不断地进行游戏。玩家在游戏中获得这些道具和货币的渠道一般会分为任务、成就与活动。

当我们了解上述内容后，就不难理解《永劫无间》中无比复杂的任务、成绩和活动系统存在的意义。《永劫无间》中，为了规划玩家的短期与长期目标，设计了每周挑战、每日任务、每周任务等一系列的任务系统。

本章介绍了竞技游戏在核心玩法之外的各种外围系统设计。正是这些外围系统设计的存在，让玩家尽可能留在游戏中，充分体验到游戏中的各种乐趣。但我们仍然需要了解的是，玩家在竞技游戏中的留存，更多的是来自核心玩法的设计。如果非要归纳出"核心"与"外围"所占比例的话，我认为，核心玩法的重要性会占据到 80% 以上。最直观的例子，就是在 2017 年异军突起的现象级游戏《绝地求生》。这款游戏在上市之初几乎没有任何外围系统，却斩获了超过 2000 万的下载量，同时创造了高达 300 万人在线人数峰值。所以，竞技游戏的外围系统设计，最重要的一个环节，就是让玩家可以快速体验到游戏的核心玩法。这就涉及游戏界面的设计方法，在后续章节，我们将展开详细讨论。

第 7 章

交互设计

如果说游戏里的功能是一个又一个大大小小的点，那么交互设计就是线，
只有用线将点通过合理的规则连接起来，让玩家可以自由在各个功能中游走，
才能真正牢牢地把玩家包裹在你设计的"渔网"中。

7.1 梳理功能结构

在任意一个地铁站，乘客只需要认真浏览地铁站的线路图，就可以快速在两个站点之间找到乘车路线，极少会迷路。如果我们把线路图上的各个地铁站想象成一个又一个的功能的话，那么整个线路图就是一个功能结构图。不管有多少地铁站，即游戏的功能究竟有多么复杂，游戏设计师所要做的，就是确保用户可以在地铁站中自由地穿梭，不会出现"被困"在某个站点内的情况。从更高层次来说，要确保线路图足够科学、高效，尽可能缩短用户在各个站点之间通行的时长。

这看起来很容易，但当我们实际动手去梳理的时候，会发现这其实非常复杂。将信将疑的读者，可以尝试一下 *Mini Motorways*（《迷你公路》）连线的复杂程度，这是一款非常耐玩的游戏，曾获多项游戏行业内的大奖。

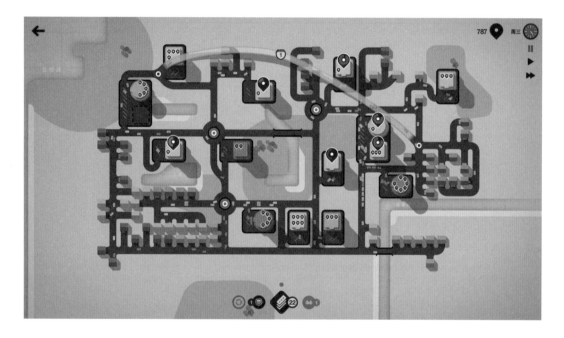

上一章，我们用很长的篇幅介绍了当前竞技游戏中常见的各种外围系统。这些系统往往都是由几十个甚至上百个小功能组成，而功能与功能之间又彼此联系、错综复杂。作为游戏设计师，必须对这些功能了然于心。通过梳理功能结构图，游戏设计师就可以站在整个游戏的最高点，俯瞰游戏内所有功能的全貌。

梳理功能结构的工具有很多，我更习惯先用最原始的纸和笔在草稿纸上编写，这样不仅方便修改，并且不容易被形式所限制。Supercell 出品的《荒野乱斗》，自 2015 年进行小范围测试以来，经历了几十个甚至上百个版本的迭代更新，在全球范围内获得了超过 10 亿美元的营收。从外表上看，《荒野乱斗》是一款可爱风格的"小游戏"，但只要我们仔细研究就会发现，这款游戏"麻雀虽小，五脏俱全"，和 Supercell 之前的游戏一样，各种各样的游戏系统应有尽有，且都设计得极为精巧。接下来我将带读者梳理一遍该游戏的功能结构设计。

一款竞技游戏一般由几个模块组成，根据重要程度，我们将其依次分为核心战斗、账号系统、付费、社交、成就5大系统。接下来，我们将对每个系统进行拆分。

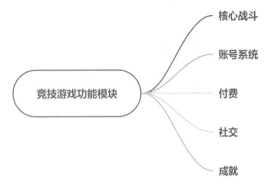

7.1.1 核心战斗

核心战斗流程为选单位— 选地图 — 匹配 — 战斗 — 结算。

竞技游戏是多人在线的对战类游戏，所以玩家正式进入战斗前，一般都要先完成"选单位""选地图""匹配队友与对手"3个步骤。不同的游戏，这3个步骤的顺序各有不同。绝大部分MOBA游戏的顺序是选地图—匹配—选英雄，而《荒野乱斗》由于带有战斗外养成属性，所以其顺序是选英雄—选地图—匹配。

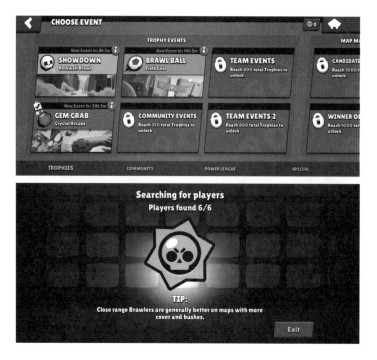

选地图就是选玩法,设计师一般要将游戏内的主打玩法摆放在界面比较顺手的位置上。例如,玩家在《英雄联盟》中只需要单击 2 次就可以进入经典地图"5v5 召唤师峡谷"。

如果玩家不想更换地图,只需单击"PLAY"按钮,系统就会把玩家上一次选择的地图设置成默认选择,玩家无须选择地图,自动进入匹配。

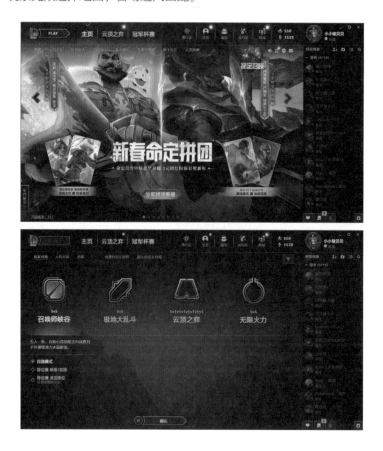

匹配是系统计算的过程，需要玩家等待一段时间。匹配过程的界面需要包含如下特征。

- 显示等待计时：让玩家感觉等待的时间不长。
- 不要遮挡其他功能：让玩家在等待时可以浏览游戏其他信息。
- 退出匹配：玩家随时可以退出匹配。

《英雄联盟》的匹配界面

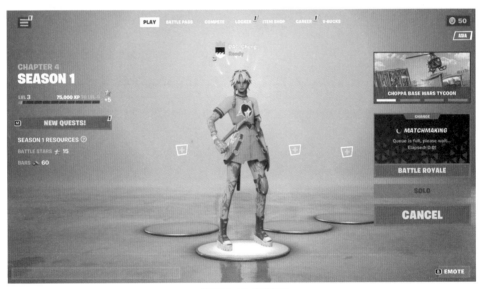

《堡垒之夜》匹配界面

战斗中界面（又称 HUD）根据游戏类型与硬件平台的不同，其设计也是千变万化，并无固定形式，很难归纳总结。根据我的经验，战斗界面的设计是演变式进化的，后作永远是在前作的基础上进行改良，从而更适合自己的游戏内容，也带给玩家更好的体验。建议读者多看、多玩、多思考、多总结。

例如，《永劫无间》就是典型的在前人基础上改良的作品，在其中能隐约看到其他游戏的影子。

与《绝地求生》《堡垒之夜》等大部分的生存类 FPS 游戏一样，《永劫无间》的坐标方位显示在屏幕顶部；同时武器栏都放在屏幕右侧或右下角，使用鼠标滚轮可以切换武器；与《守望先锋》一样，大招技能图标则放在屏幕中间，方便玩家随时查看技能情况。

　　查看背包和查看附近拾取时，界面的布局也基本一致，但这并不意味着"抄袭"。交互设计的特点，就是要研究并遵从约定俗成的操作习惯，降低玩家的上手门槛。

　　完成对战过程后产生的结果，我们称为战斗结算。在战斗结算时，要准确地告知参与战斗的每一方谁赢谁输，并且要详细地展示获胜方获得的战利品和失败方失去的成本。如果是团队游戏，往往还会在结算时显示"全场最佳"。

7.1.2　账号系统

账号系统通常包括用户名 — 积分／段位 — 货币 — 单位集

1. 用户名

　　当玩家在玩任何一个竞技游戏前，游戏都必须先获得玩家的用户名。用户名有的时候是让玩家自己输入，有的时候会由系统随机为玩家提供。如果玩家使用第三方平台如微信、QQ、微博登录，游戏会直接调用玩家在这些平台上已经创建的用户名。

2. 积分／段位

　　玩家一旦在游戏中创建好了用户名，系统就会同时为其预设好一个初始积分。即使玩家暂时或永远看不到这个积分，但当玩家进行过一遍又一遍的核心战斗后，积分必然会发生改变。当积分达到某个数值时，就会改变段位。积分和段位的改变，将不断影响着核心战斗中的实际匹配情况。

3. 货币

　　除了积分和段位，玩家在账号系统中关心的另一个重要数据当属游戏货币。如本书前文所述，竞技游戏的货币往往分为两种：一种是现实货币等价物，另一种是衡量游戏时间（或游戏水平）的等价物。在《荒野乱斗》中，Supercell 使用"绿宝石"表达现实货币，使用"金币"作为玩家在游戏中花费时间和精力获得的常规奖励。

4. 单位集

《荒野乱斗》内最重要的单位是英雄，所有英雄集合在一起可以统称为英雄池。英雄池中的每个英雄都可以被收集，也可以被升级。由于与核心战斗直接相关，所以英雄池可能是玩家在战斗外最常进入的系统。因此要将英雄池在主界面上加以凸显，方便玩家随时查看。

虽然上述并不是账号系统的全部元素，每个游戏都或多或少有些不同，但这已经足够让我们搭建框架，方便后续添加更多的细节功能。

7.1.3 付费

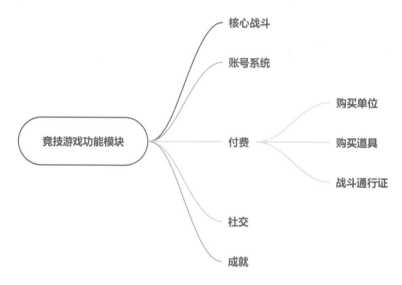

MOBA 是以英雄为主要单位的竞技游戏，不同的英雄往往代表完全不同的玩法，也会给玩家带来完全不同的游戏乐趣。因此，任何一个新玩家，在游戏体验初期，最稀缺的资源就是英雄。如何让玩家获得英雄，是吸引玩家付费或投入更多游戏时间的关键所在。

同《英雄联盟》获取英雄的方式类似，《荒野乱斗》也向玩家提供了"花钱"和"花时间"两种获得英雄方式。其中，代表"花时间"的货币是英雄券，代表"花钱"的货币是绿宝石。

英雄券通过乱斗主题季（战斗通行证）和荣誉之路获得，绿宝石则主要通过充值和少量任务获得。战斗通行证在前文中已经详细介绍过，在此就不再赘述。读者需要了解的是，在设计战斗通行证界面时，需要将奖励的道具尽可能地完全展现，以吸引玩家建立目标感；同时，由于战斗通行证往往有上百级，如果只是简单罗列，会让玩家觉得遥遥无期，所以，游戏设计师要将上百级的成长线再次分段，让玩家感受到阶段性的成就感。例如，《堡垒之夜》的成长线便设置成了14页，每页都有5~7个奖励，其中第3个或第5个，一般都是比较酷炫的特效，同时每隔8~10个，必有一个较为稀有的优质皮肤。

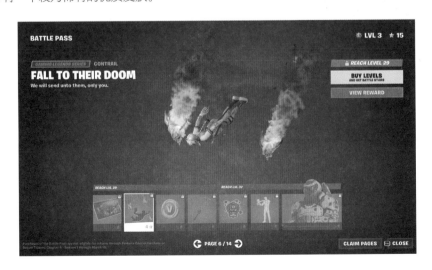

7.1.4　社交系统

好友

社交　　　组队

公会

　　让玩家可以口口相传，这是竞技游戏获取用户成本较为低廉的重要原因。好友与公会是竞技游戏的社交组成部分，此处不再赘言。需要注意的是，现在不管什么类型的竞技游戏，都会把组队放在大厅主界面的中央，并在角色左右两边放置"加号"。这个"加号"就是给玩家心理暗示，让玩家邀请好友一起游戏。

　　在很多年以前，排行榜是竞技游戏中的常见系统，许多玩家的游戏目的就是"冲榜"。但对游戏中绝大部分的玩家而言，进入排行榜看到自己的名字，几乎是遥不可及的事情，玩家甚至会因此而产生挫败感。所以，为了照顾绝大部分玩家的感受，现在的竞技游戏纷纷弱化甚至取消了排行榜。

7.1.5 成就

成就与其他相对独立的系统有所不同，它更像是一个对玩家的所有行为进行统计的积累系统，也因此就与其他系统都有着千丝万缕的联系。我们将其写在草稿纸中空白的地方。

7.2 功能关系

寥寥几步，我们就把一款竞技游戏的大致功能模块及其若干构成部分都梳理了出来。接下来，我们要用线将各个部分之间的关系表达出来。

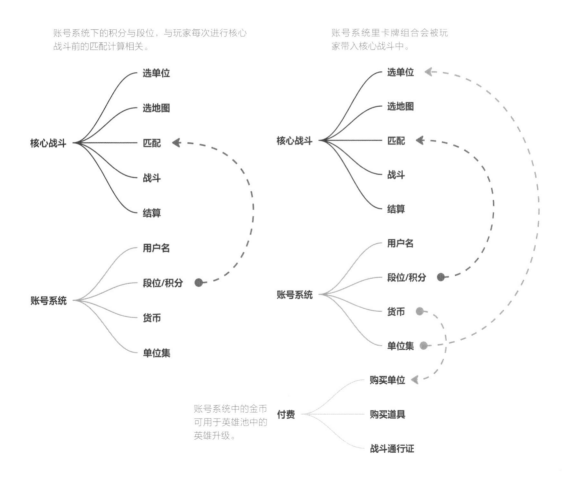

当然，还有许多可以连线的地方，由于篇幅有限，读者如果有兴趣，可以自己尝试继续深入思考并连接。我只是希望通过这样的方式给读者提供一个系统化思考竞技游戏功能的方法。同时，读者要不断地思考以下问题。

– 核心玩法的功能模块是否考虑周全？

– 账号、商店等必要的元素是否有缺失？

– 每个模块里的小模块之间的关系是怎样的？

– 如果要新开辟一个功能模块，该功能模块是否与核心玩法相关？是否必要？

通过不断地思考以上 4 个问题，游戏设计师就可以明确设计游戏时最重要的环节是什么，并且提前将"迭代"的思维方式融入游戏的整体设计过程中。我们要一点一点地做加法，每一点都要充分思考，而不是一开始就妄图做一个"鸿篇巨制"，否则就很容易做成功能堆砌的无聊产品。

7.3　界面层级

当我们厘清了游戏内的各项功能之后，接下来团队内的程序员就要开始筹备程序架构，准备开发游戏内的各项功能；系统策划则需要开始撰写各个模块的具体功能文档，将每个大功能模块的细节补充完整；但还有一项更重要的工作，就是要将所有功能的入口和界面逻辑关系表达清晰，将用户体验流程梳理顺畅。

在撰写本书的过程中，我始终贯彻一个宗旨，就是尽量把游戏设计在产品化过程中重要的部分加以强调，而不只是笼统地罗列系统。所以在本章中，我将核心战斗的入口作为第一小节，意在向读者着重强调核心玩法入口的重要性。接下来，我将以 SNAP 为例，带领读者梳理整套界面流程。

7.3.1　启动游戏

任何程序类产品，都会遵循开启程序的常规流程，游戏也不例外。一个优良的启动过程需要满足两个要求：启动流程简单、仪式感强。我们先来一起梳理一下游戏启动过程所必须经历的各个步骤，依次是

桌面图标 → 启动画面 → 检查更新 → 加载界面

1. 桌面图标

当我们打开应用市场时，会发现游戏的图标已经非常多，并且大致的特征也都比较类似：大部分以某个角色的头像为主体。这是因为桌面图标要具备极高的可识别性与点击感。所谓可识别性，是指玩家无须过多耗费精力，就可从众多的图案中立即找到游戏；所谓点击感，则是桌面图标实际上就是一个"按钮"，为了更好地体现这一点，美术设计师一般会让图标的主体更饱满、更呼之欲出，以吸引玩家点击。

2. 启动画面

启动画面是仅次于图标的玩家对游戏的"第二眼"印象，就好像我们去电影院看电影时，电

影总会先放一小段片头。启动画面的作用是让玩家做好即将开始游戏的"思想准备",一般情况下,启动画面由两个部分组成:

发行公司页 → 研发团队页

游戏的发行方和研发方往往是两个公司。例如,《王者荣耀》的研发方是"天美工作室",发行方是"腾讯游戏",所以每当玩家打开《王者荣耀》时,就会依次出现两个页面。

3. 检查更新

所谓检查更新,是指对玩家当前游戏客户端与游戏最新客户端进行比对的过程,如果比对结果是一致的,则无须进行更新直接进入游戏;如果比对结果不同,则要比对玩家当前的游戏客户端与最新发布的客户端有何不同,逐一下载并安装。

而检查更新又涉及 PC 端和手机端两种平台下不同游戏的更新方式。眼下市场上主流的 PC 平台游戏进行更新时,一般都不需要重新下载一遍完整的游戏安装包,只需要下载玩家缺失部分的内容即可;而手机端由于引擎、系统平台等多方面的限制,则有时必须全部下载整个游戏安装包,因此在手机端我们往往需要进行两次比对:

先比对"大版本号是否一致",也就是说是否需要前往应用市场中重新下载整个游戏安装包;

再检查"小版本号是否一致",一般情况下,小版本号的更新无须重新下载整个游戏安装包,只需要补充一些游戏资源即可。

这里需要特别强调的是在苹果应用商店中,由于苹果的审核越发严格,已经基本禁止了"代码热更新"功能。所谓代码热更新,是指当程序的代码部分做了调整时,无须让玩家重新下载整个客户端,即可完成更新。这就直接导致游戏程序的热更新,只能局限于一些表现层的更新,如修改一些文字,或者新增一些不会破坏游戏原有逻辑的美术资源等内容。

有过竞技手游经验的读者往往都会有如下感受:等待检查更新的过程非常无聊。这是因为除了检查更新的时间相对较长,检测更新及更新的过程玩家也无法进行其他操作。

为了让玩家在这段时间内不会感到枯燥,《王者荣耀》的检查更新界面包含了以下内容。

进度条:让玩家可以大致预估更新结束时间。

绚丽并且动态化的背景:精致并且内容丰富的图片,结合动态背景,让玩家即使在等待时目光也能找到聚焦点。

在技术上尽可能缩短检查更新和更新的过程:资源下载服务器一般会使用 1 台专门用于资源下载的独立服务器,并且一定会使用 CDN 加速服务以确保全球所有用户都能获得最快的下载速度。

小贴士

CDN 的全称是 Content Delivery Network,即内容分发网络。其基本思路是尽可能避开互联网上有可能影响数据传输速度和稳定性的瓶颈和环节,使内容传输更快、更稳定。

4. 加载界面

当游戏版本确认并更新完毕后，在正式进入游戏前，还需要将游戏的主界面及其相关的资源，从硬盘加载到内存中。根据游戏资源的数量和大小，这个过程也是有长有短，但这是游戏启动的必经之路。那么，为什么一定要有这个步骤呢?

这是由于硬盘和内存物理结构有差异，内存中数据的响应速度远远超过硬盘。例如，《王者荣耀》的玩家要在游戏中打开英雄展示界面，则界面中所有的英雄模型、贴图、动作、声音，都要先从硬盘加载到内存，玩家才能在不停地切换英雄时，获得几乎无缝衔接的快速体验。如果不提前预加载到内存，所有素材都是临时从硬盘中调用的话，就会造成用户每进行一次操作，画面的反应总是会慢一拍，这是非常糟糕的用户体验。

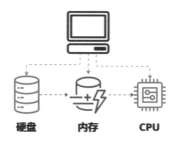

7.3.2　主界面

正如前文 "梳理功能结构"中所最终梳理出的系统结构，主界面所承载的最重要意义，就是要让玩家可以以最快速、最便捷的方式前往任意一个系统。经过十几年的发展和演变，现在不管是 PC 还是手机上的竞技游戏，它们的主界面所承载的功能、不同模块所摆放的位置，也都大致趋同。接下来，让我们一起以《荒野乱斗》的主界面为参考，详细梳理一遍主界面上所要摆放的各种界面元素。与此同时，我们还要了解一下"界面线框图"的画法。

作为竞技游戏设计师，我们需要明确一点：你很难一个人完成游戏开发流程上的所有工作，你必须与其他岗位的团队成员通过多人协作的方式完成产品从设计到开发的全部过程。游戏设计师作为产品设计的源头，要想尽一切办法降低沟通和工作成本，保持充分的沟通是你在游戏设计之外最重要的事。一个无法与其他团队成员合作，或者不断给其他团队成员增加不必要麻烦的游戏设计师是不可能高效完成任何一款产品的开发的。而界面线框图，就是非常好的设计与沟通工具，它可以为团队提供重要的帮助。

- 以最低的成本规划界面布局和交互流程。
- 为与界面视觉设计师和界面程序员的沟通建立最初期的沟通桥梁。

线框图的绘制工具非常多，其中最常用的是 Axure RP。Axure RP 是一个专业的快速原型设计工具。Axure 代表美国 Axure 公司，RP 则是 Rapid Prototyping（快速原型）的缩写。Axure RP 能够帮助负责定义需求和规格、设计功能和界面的用户快速创建应用软件及 Web 网站的线框图、流程图、原型和规格说明文档。作为专业的原型设计工具，它同时还支持多人协作设计和版本控制管理。

Axure RP 的使用者主要包括商业分析师、信息架构师、可用性专家、产品经理、IT 咨询师、用户体验设计师、交互设计师、界面设计师等。另外，架构师、程序开发工程师也在使用 Axure RP。

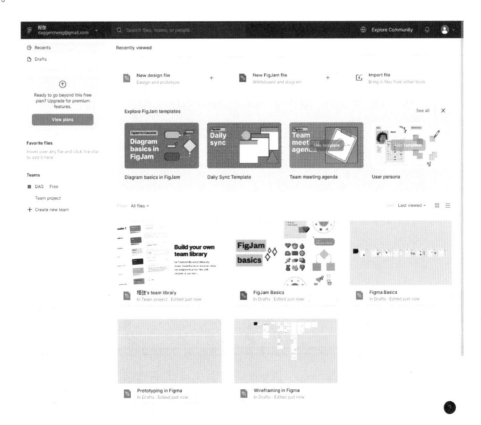

随着移动互联网的发展，App 开发的门槛逐渐降低，很多比 Axure RP 更好用的布局软件相继诞生。例如，目前在 UI 设计界最流行的 Figma，它可以制作出直接对接 App 代码层的 UI 界面。但可惜由于游戏引擎过于庞杂，目前 Figma 还无法直接对接到游戏开发上，但这并不影响游戏设计师使用 Figma 制作交互原型图。

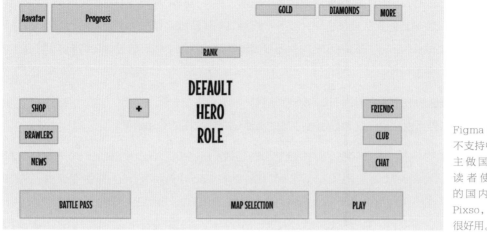

Figma 的缺点是不支持中文，推荐主做国内市场的读者使用 Figma 的国内平替软件 Pixso，它一样也很好用。

《荒野乱斗》的主界面信息量不多也不少，任何功能的入口都能在主界面中找到。本章介绍的所有功能，几乎都可以从主界面中直接进入。如此多的功能堆叠在一个界面中，需要对每个功能的位置、排版、慎重考虑。

– 账号系统相关的所有信息，包含用户名、段位、货币，归纳到主界面顶部，并左右分开。

– 与付费有关的功能，如商店、英雄、战斗通行证，放置在主界面左侧，方便玩家选择。

– 与核心战斗有关的功能，如地图选择与对战按钮，放置在主界面右下角，方便玩家选择。

– 与社交有关的功能，如好友 / 小队 / 战队，放置在主界面最右侧。

– 中间大面积的区域，留给当前选择的英雄及邀请好友组队的加号。

接下来，让我们一一点开主界面上的按钮，去各个功能中一探究竟。

7.3.3　进入战斗

竞技游戏与其他类型的游戏存在诸多不同，其中最大的不同是，玩家热衷于某款竞技游戏主要是为了追求核心战斗体验，其他的外围系统固然重要，但只是陪衬。例如，眼下比较热门的游戏中，进入战斗的入口在界面上都会非常显眼。

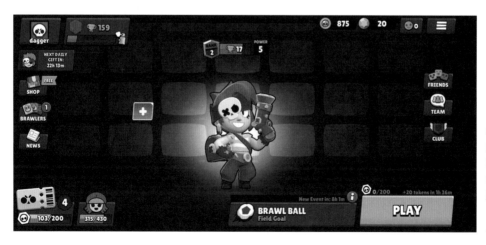

在《荒野乱斗》的主界面中，"对战"的按钮处在屏幕正中间，玩家几乎不用思考就知道单击"PLAY"按钮进入战斗。

《王者荣耀》的主界面中，4 个核心战斗的入口几乎占据了整个主界面的绝大部分区域，其余的外围系统，不管多么重要，都被挤到了界面边缘。

7.3.4　选择战斗模式

同样的核心玩法下战斗模式也是多种多样的，因此我们要为玩家一一准备好进入这些战斗模式的入口，以确保喜好不同玩法的玩家可以快速找到入口并进入战斗。在大部分竞技游戏中，不同战斗模式的入口会按照玩家进入频次从高到低排列，很少有（至少我从未见过）战斗模式的入口是按照进入频次从低到高排列的。那么接下来，让我们了解一下常见的竞技手游在选择战斗模式时的布局。

MOBA 游戏一般会拥有 3 个战斗类型：**匹配模式、排位模式、娱乐模式**。而在不同的模式下，又会有若干张不同的战斗地图，所以先要厘清战斗模式和地图之间的层级关系。

以《王者荣耀》为例，主界面点击"对战"按钮后，进入地图模式选择界面。

根据地图的不同，《王者荣耀》的实战对抗一共包含了 5v5 的"王者峡谷"、3v3 的"长平攻防战"、1v1 的"墨家机关道"及"训练营" 4 种地图模式。按照玩家使用频次从高到低从左到右排列，这是为了让玩家熟悉界面布局之后，不需要仔细观看每个入口的文字，仅凭借位置记忆即可快速进入战斗，因为**用户对于空间的记忆联想是高于文字甚至色彩的**。

在"娱乐模式"及其他模式的子菜单中，都是提示让玩家选择地图，此处就不一一赘述，请读者进入游戏自行了解。根据《王者荣耀》战斗模式的界面层级和入口位置摆放，可总结出如下3个要点。

- 玩家习惯 ＞ 战斗模式 ＞ 地图选择。
- 将玩家高频使用的战斗入口通过位置和区域尽可能地凸显。
- 空间记忆 ＞ 色彩记忆 ＞ 文字记忆。

战斗模式是竞技手游中相对较为复杂的，请读者以前文所述的逻辑，尝试梳理一下竞技卡牌或者其他休闲竞技游戏战斗模式的界面设计。锻炼自己举一反三的能力，会对往后进行各种类型的游戏设计产生积极的影响。

7.3.5　战斗界面的信息布局与规划

当选择完战斗模式之后，玩家将来到战斗内界面。战斗内界面又被称为"平视显示器"（HUD），或者"抬头显示设备"。据说这种称呼来源于航空器上的飞行辅助仪器，它可以帮助飞行员不需要低头就可以看到他所需要的重要信息。

然而我认为，战斗内界面并不能完全与HUD直接画等号，HUD甚至应该被包含在战斗内界面的范畴中。仔细揣摩HUD的含义，实际上更侧重于"信息显示"，并不包含"功能交互"。这里仍然以《王者荣耀》为例来了解手游MOBA是如何具体设计战斗内界面的。

通过观察，可以大致将《王者荣耀》的战斗界面划分成 5 个区域：单位移动控制、单位普攻 /
技能操作 / 额外道具操作、HUD、战斗内交流及其他小功能。

1. 单位移动控制区域

《王者荣耀》采用的是摇杆控制单位移动，这也是游戏中玩家操作最为频繁的功能。在一场
战斗中，玩家可能会一直在操作单位移动，控制英雄的走位往往会对战斗结果产生决定性影响，
因此移动摇杆几乎占据了屏幕 1/4 的区域也就是理所应当的设计了。

2. 单位普攻 / 技能操作 / 额外道具操作区域

与 PC 端的 MOBA 游戏体验不同的是，手游端的 MOBA 需要玩家点击普攻按钮才能对目标
进行攻击，而普攻除攻击间隔外，是没有 CD 的，这意味着玩家可以在任何时候点击 "普攻" 按钮。
因此普攻按钮的操作频率仅次于移动摇杆，普攻按钮占据的区域是第二大的，占据了屏幕右下角
相当大的一部分面积，以方便玩家操作。

技能围绕在普攻按钮周围呈扇形排列。回城、恢复及召唤师技能，则排列在屏幕下方，紧挨
着技能栏，方便玩家在需要时快速找到图标点击释放。

3.HUD 区域

MOBA 游戏的核心战斗是玩家的对战，一场战斗中可能会同时有 50 个以上的单位在同时产
生信息。因此 MOBA 游戏的战斗信息类型要高于其他竞技游戏，也许仅次于 RTS 游戏。

在《王者荣耀》的战斗界面，HUD 包含如下信息。

- 小地图，用以实时显示地图内的单位分布情况。
- 双方击杀数字，用以让玩家大致了解己方与敌方的局势对比。
- 自己的击杀、死亡、助攻次数。
- 手机电量、网络状态、画面帧数、战斗持续时间。
- 队友的血量状态、己方和敌方的生存及复活状态。

玩家通过 HUD 上这些时刻刷新的信息可以快速了解游戏当前的局势状态，从而为自己的行
为提供判断依据。

4. 战斗内交流区域

MOBA 游戏的战斗内交流根据表意的复杂程度，分为以下 4 个层次。

- 集火、防御、注意，是玩家在对战中高频使用的图标，其直接放置在界面右上角，并且是
一个图标占据一个位置。游戏设计师对于玩家高频使用的功能绝对不会吝啬面积。
- 如果发送信号无法满足玩家的表达需求，则预设若干玩家可能会用到的短句，让玩家可以
直接选择。这些短句被隐藏在按钮中，层级低于信号发送图标。
- 如果内置的语句仍然无法帮助玩家进行沟通，还可以使用打字的模式。这个功能隐藏得更深，
甚至游戏设计师并不希望玩家经常用到。
- 最后，提供语音功能，满足玩家之间时刻需要保持沟通时的需求。

MOBA 游戏虽然是竞技游戏，但在平常的"路人局"中，实际情况往往是套路化的沟通模式，因此基本的信号已经满足了大部分玩家的沟通需求。其余的文字信息，经常是玩家"情绪发泄"的通道。这其实非常影响游戏中其他玩家的体验，因此《王者荣耀》有意无意地将手动打字交流的方式隐藏到很深的位置。

5. 其他小功能区域

其他诸如查看局内玩家信息、查看英雄属性和技能介绍等小功能的入口都尽可能地隐藏在界面中不起眼的位置。在设计这类功能的界面时，要坚持既不碍眼，又能让玩家随时可以找到的原则。只要能做到这一点，也就达到了这些功能界面布局的设计目的。

7.3.6　战斗内的各种提示

本书在前面的章节中，介绍了反馈机制在游戏中的重要作用，相信读者已经对此有了一定的印象。而战斗中各种各样的提示，在反馈机制中起着举足轻重的作用。

以《王者荣耀》为例，其战斗过程中的提示可以分为以下类型。

1. 单位状态型提示

对自己控制单位的状态保持 100% 的跟进，是玩家在战斗中最关心的事情。这个类型的提示有很多，比如各种属性发生改变时在角色周围跳动不同颜色的数字和文字、某个技能的冷却时间、血条、蓝条等。《绝地求生》的界面底部就会显示血条。

该类提示由于出现得特别频繁，因此设计上要尽量做到简练，不会过于影响玩家关注其他信息。这类提示往往还能给玩家带来正向反馈，最具代表性的莫过于攻击时的数字，其在《暗黑破坏神》等动作角色扮演中尤为显眼，甚至成为玩家在游戏中获得打击感反馈的另外一种更爽快的反馈。这种类型的提示在 MOBA 游戏中被弱化了许多，不过在发生团战时不断跳动的数字仍然能给玩家带来兴奋感。

2. 战斗进展型提示

"敌人还有 30 秒到达战场"，这个来源于 MOBA 游戏的提示信息已经被广泛应用于其他各种娱乐形式中，这就是典型的战斗进展型提示。该类提示的主要作用是尽可能让玩家清晰地知道战斗进展，比如野怪什么时间刷新，双方的防御塔是否受到攻击等。有时玩家在战斗中注意力过于集中，因此在 MOBA 游戏中该类提示一般都在屏幕的正中央，甚至大部分还会安排配音，以烘托战斗气氛。

3. 过程总结型提示

单位状态型提示和战斗进展型提示只满足了玩家的基本需求，玩家还需要时刻关注自己控制的单位。对反馈的进一步挖掘就衍生就自《英雄联盟》到《王者荣耀》都非常著名的 First Blood（首杀）、Double Kill（双杀）、Penta Kill（五杀）等过程总结型提示。

这种提示实际对战斗的逻辑过程并不会起到特别大的作用，但对玩家的心理会造成巨大的影响。优势方的玩家在战斗中的快感往往来自这些反馈。例如，当玩家获得五杀时，不仅其他所有玩家的界面正中央都会弹出一个特别夸张的特效，甚至还会有嘹亮的嗓音发出语音提示。这给玩家带来的正向反馈是巨大的，玩家会为了追求这个反馈一遍又一遍地进行游戏。在某些对局中，获得这种提示会比赢得战斗更让玩家感到兴奋。

游戏是通过让人们获得比现实中更快速的反馈而存在的娱乐工具。战斗时对玩家的各种行为进行正面或者负面的反馈，是最耗费游戏设计师精力的工作。如果你设计的核心玩法中能把这一点真正做好，你的游戏往往也就离成功不远了。

此处我再举另外一个面向更广泛用户的例子——《欢乐斗地主》，实际上《欢乐斗地主》在这个细节上做得更为细腻。传统的斗地主类型的游戏，不管玩家进行怎样的操作，都是干巴巴的，只能享受逻辑上的乐趣。但在《欢乐斗地主》中，只要玩家打出一定的操作——如顺子、飞机或者炸弹，游戏画面都会给出超越大部分玩家预期的视觉和听觉反馈，这些提示让原本相对枯燥的对局过程变得热闹起来。

7.3.7　战斗结算界面

竞技游戏是多人博弈的游戏，是体现人性中顽强拼搏、团结互助等正能量品质的最佳舞台。小到《欢乐斗地主》中农民需要联合起来对抗地主，大到中国奥运健儿屡屡在世界顶级赛事上不断突破人类极限，不仅这些竞技活动的参与者能从中收获汗水与荣耀，我们作为观众，更能被他们的奋斗所感染。就好比当中国女足在 2022 年亚洲杯上低开高走，艰难地逆转绝杀韩国队最终夺得亚洲冠军时，我的眼眶也湿润了，被这些健康积极的姑娘们感动了。我想这就是竞技带给整个社会的精神力量！

既然竞技游戏是多人博弈的游戏，最终的冠军就只能有一个，当人们在竞技游戏中失败时，肯定会有沮丧、失落。但大部分的参与者，并不会因此而放弃，他们会选择收拾心情，分析问题，查缺补漏，然后再来一局，直到获得胜利。这才是竞技游戏最大的魅力。

因此，当一局战斗结束之后，要尽可能详细地为玩家提供一系列总结和反馈。

如果战斗失败了，那么战斗结算界面要清晰地告诉玩家上一局到底什么地方出了问题，从而让玩家一目了然地明白如何在下一局中避免这些错误。

不仅要告诉玩家己方的数据，还要向玩家展示博弈中其他参与方的数据，让玩家知道对方哪里做得好，哪里做得不好，向对手学习是核心玩家快速提高自己竞技水平的途径之一。

赢了，要给玩家奖励；输了，要给玩家惩罚，这样才能让游戏更好地调动玩家的情绪。

战斗结束后，一些"小鼓励"也是必不可少的，要让玩家知道自己在游戏中付出了多少努力，又获得了多少成就，即使输了，也能或多或少地得到一些安慰。

竞技游戏由于其特殊性，极易产生明星选手，因此竞技游戏会给所有参与者提供成为明星的机会，哪怕只是自己朋友圈中的"一时之星"。给玩家可以炫耀自己战果的机会，这并不是要鼓励玩家爱慕虚荣，而是向其他人炫耀自己的成绩和战果，会给人带来极大的满足感。

《王者荣耀》在这点上做得非常成功，这来源于其团队对竞技游戏的玩家心理理解得非常细腻。

首先，不管战斗是胜利还是失败，都会有炫酷的提示动画。

其次，游戏结束后会提供一系列非常详尽的数据分析。

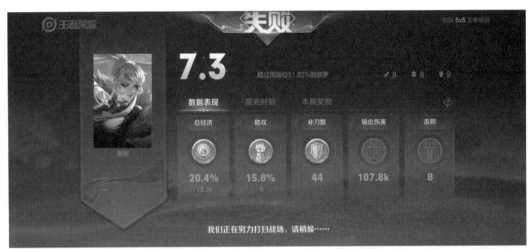

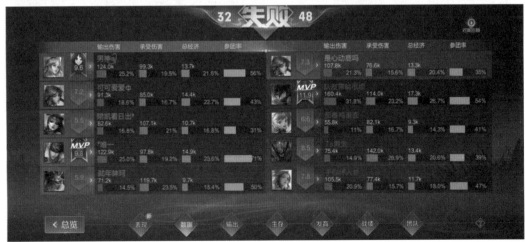

最后，即使是失败方，也会评选 MVP（最有价值选手），并显示出玩家队伍中击杀最多、输出最高等一系列的"小荣誉"的获得玩家。

　　有些时候，战斗结算界面中的一个四两拨千斤的设计，甚至能产生意想不到的效果。例如，《绝地求生》的火爆让"大吉大利，晚上吃鸡"成为网络热词。由于对于一般玩家而言，在《绝地求生》中生存到最后一刻是非常困难的事情，因此有一段时间，朋友圈和 QQ 群中到处都是"吃鸡"后的炫耀性截图，这不仅满足了玩家的炫耀心理，更促进了游戏在市场上以病毒式的推广方式吸引了大批的新增玩家。

7.3.8　任务与成就界面

　　不积跬步，无以至千里。在本书前面的章节中，介绍过"积累"带给玩家的正向反馈。当游戏的核心玩法获得玩家的认可后，要鼓励玩家在游戏中继续前进，任务和成就就是必不可少的推动力之一。

游戏设计师要通过任务和成就界面带给玩家"成长感"，并要清晰地告诉玩家怎样才能通过实现一点一点的小目标，进而实现更大的目标。

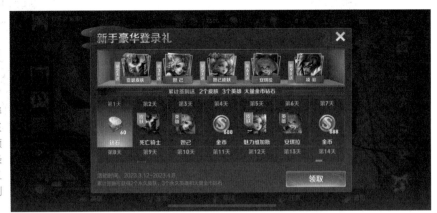

为了鼓励新玩家养成游戏习惯，《王者荣耀》设置了领取"新手豪华登录礼"的任务，并且将赠送的道具罗列在界面上。

《欢乐斗地主》更是如此，所有任务都是以进度条的形式呈现。

在某些不需要特别频繁操作的核心战斗中，任务入口甚至被放在了战斗界面上，玩家进入任务界面，可以一边战斗一边查看并领取任务奖励。

在《欢乐斗地主》的对战中，任务入口以按钮的形式一直悬浮在界面的最右侧，虽然这样的摆放有点突兀，但对玩家而言十分方便。

玩家可以在对局间隙打开任务面板，查看并领取任务奖励。

如果说功能是砖块，那么界面就是骨架，负责将游戏内大大小小的功能点串联起来，以方便玩家使用。本章主要讲述了功能点梳理、操作流程规划、界面层级的设计，目的是让读者既可以站在更高的层面思考游戏的用户体验流程，还可以尽可能多地关注人性，以方便玩家、鼓励玩家为目的创作出更多的设计亮点。